擦亮心境，阔路远行

李连成◎编著

中国出版集团 现代出版社

图书在版编目（CIP）数据

敞亮心境，阔路远行 / 李连成编著 . -- 北京 : 现代出版社，2019.1
ISBN 978-7-5143-6815-4

Ⅰ . ①敞…　Ⅱ . ①李…　Ⅲ . ①人生哲学—通俗读物 Ⅳ . ① B821-49

中国版本图书馆 CIP 数据核字（2018）第 198897 号

敞亮心境，阔路远行

作　　者	李连成
责任编辑	杨学庆
出版发行	现代出版社
通讯地址	北京市安定门外安华里 504 号
邮政编码	100011
电　　话	010-64267325　64245264（传真）
网　　址	www.1980xd.com
电子邮箱	xiandai@vip.sina.com
印　　刷	河北浩润印刷有限公司
开　　本	880mm × 1230mm　1/32
印　　张	5
版　　次	2019 年 1 月第 1 版　2022 年 1 月第 2 次印刷
书　　号	ISBN 978-7-5143-6815-4
定　　价	39.80 元

Contents 目录

1

Chapter 1

心境与环境相辅相成

人总是在一定的环境下成长、生活和工作，然而在生命的进程中，也许每个人因际遇的不同而陷入千差万别的境地，从而也就有了成功与失败。当然，这两种价值的体现并不是环境差异产生的结果，而仅仅是人对生活的一种态度。在迈向成功的路上，保持一份最美的心情吧，即便身处逆境。

保持一份心的宁静

许多人都不乏有这样的经历，到一个陌生环境里吃不好，睡不好，有的甚至还生了病，还有一些人因为总是拘泥于以前的状况，对于新发生的一切觉察不到，结果被环境逐渐淘汰。那么我们又该如何克服这些坏习惯，去拥有一份好心情呢？

1. 入乡随俗

一个地方有一个地方的习惯和风俗，如果你希望到一个新地方去发展，就应该用心去了解和感受这种因地域而产生的差异，这一点你可千万不要轻视。举个浅显的例子吧，假若你想去东北开个菜馆，你可以不全卖东北菜，但最起码的东北四大炖菜一定要保留，并且一定要请当地人做菜，因为东北人最爱吃的就是炖菜，哪怕是东北乱炖也比你那精工细做要美味得多。再加上东北炖菜实惠，而南方菜系讲究味道，分量较少，自然难以被东北人接受。再如，因为东北人豪爽、讲义气，所以你只要服务态度好，他下次肯定还会光顾你的菜馆，而假若你态度太差，即使给予他一定的打折，他也未必再来，因为他会认为你没人情味。

同样的道理，你想要在四川开菜馆，假若川菜不十分拿手的话，似乎也不容易立足。由此可见，了解风土民情，对于开拓自己的事业至关紧要。

如何才能了解风土民情，做到入乡随俗呢？首先要有一份宁静的心，多读书。到一个地方之前，先找出与当地人生活习惯相关的书籍来读是一个很好的方法。其次是要多走动，俗话说，读万卷书，行万里路，走的地方多了，见识自然就多，有些东西是书本上学不到的，必须实地考察才能有所收获。最后是多向别人请教，不知者不为过，不懂装懂的人迟早会碰壁。

2. 与本地人交朋友

一个外乡人到一处做生意，如果不笼络本地的人，甭说你赚他们的钱了，即使不赚钱还有人想找碴儿欺负你。相信大家都有过这样的经历，到了一个陌生的环境，总容易受到冷遇。因此，你若想在陌生的环境里有所作为，最好要有几个本地朋友，他们不但可以及时地给你反馈信息，更重要的是能告诉你一些在此发展的注意事项。

3. 不要锋芒毕露

到异地做事还应该藏起自己的锋芒，咄咄逼人者只会给自己添麻烦。每个地方都有一些地方保护势力，锋芒太露会触及他们的利益，当然会引起当地人的不满，因此真正聪明的人懂得有所保留，慢慢取得他人的信任。

以上几条是说我们应如何适应一个新的环境。学会适应生活环境，还应该学会适应环境的变化。自然界的物种越来越少就是因为人为的破坏使得许多生物难以适应。人类虽然是自然界的高等智能动物，但有时也会对生存环境变化不太敏感，这也严重地影响事业的拓展。

4. 未雨绸缪，居安思危

A君大学毕业后进了一家不错的公司，总觉得还不错，因此便有安于现状的想法，他的上司教育他说假如你感觉不到提高的话便肯定在后退，在这个竞争年代里，后退的结果只能是遭到淘汰，因此A君决心进一步深造。现在好多人仍在国营单位等那少得可怜的一杯羹，真不知道万一这杯羹突然打翻了他们该咋办？

成功的人生是不断进取与创造的人生，未雨绸缪，居安思危应该成为我们的座右铭。

5. 把成功作为一种信仰

只有把成功作为一种信仰，时时不忘成功的人才会不断进取，才不会受制于生活环境的变化，他们时时刻刻都能感觉并预测到环境会发生什么变化。在他们心中只会有一点是历久不变的，那就是成功人生的信条。他们会想尽一切办法去克服生活中的不利因素，并对于可能发生的变化采取积极可行的防范措施，而不是消极地等待，于是他们的人生道路越走越宽。

让心与环境相融

一个人不可能总是生活在同一环境中，即使是生活在同一个环境中，环境也会时常发生变化，如果适应不了环境的变化或者适应不了新环境，让心及早安定下来并融于其间，则终归会失败。所以我们应该学会这种适应能力，并时刻在这种新的环境下保持一份平和愉悦的心态。那么，我们应该如何练就这种心境呢?

有人说："树挪死，人挪活。"还有人说："此处不留爷，自有留爷处。"其中尽管有诸多合理的成分，但总感觉仍然是个人的适应能力欠佳之缘故，这样说并不是反对上述两种观点，但也绝不是完全同意这些说法，是金子总会发光，至于什么时间发光完全看个人的适应能力。

A君大学毕业后去了一家外资企业，和他一起加盟的还有不少才华横溢的大学生，可不到半年就有人开始跳槽，等到A君考上研究生离开公司时，和他一起去的已差不多走完了，而他们频繁地更换工作也并没有给他们带来多少收益，因为外企的加薪制完全是看你能否为公司发展做出贡献来定的，不要说加薪了，干不到一年就离开公司的人连年终奖金都拿不到，那可是一笔不小的收入。

有人说，不断跳槽可以锻炼人的生存和适应能力，实不敢苟同，如果真是这样的话，代价也稍微偏大点。也许有时可以找到一个更具发展潜力的工作，但总的来讲会使自己身心疲惫，反而得不偿失。如今，有许多年轻人在不断跳槽。他们动辄就拿“美国人怎么怎么”来吓唬人，真不知道这种所谓的超前意识给他们带来了什么好处。一生之中换几个工作环境不足为奇，而一年之中就更换几个，只怕连美国人都感到吃惊。

这明显是一种适应能力的问题，那么问题的根源何在呢？

1. 过分看重自己

刚参加工作的不少大学生，总是踌躇满志激情万丈，渴望在好的工作岗位上一展自己的才华，因此大多数人都要求工作单位考虑自己的专长。其实仔细想想，这恰恰是没有自信心的表现，为什么除了专长就不能做点别的什么，要知道你自己所谓的专长其实并不一定是用人单位所期待的专长，用人单位更重于考察一个人的综合素质和对不同岗位的胜任能力。说穿了，用人单位更期待那种一专多能的人才，在机会合适的时候才会考虑你的专业。大多数情况用的正是你的非专业才能。当然，大学生综合素质不高，与我国的教育体制有一定的关系，专业面过窄造成了这种状况，但是总有一部分人具有较高的综合素质，所以成功最终归于他们。难道这也是天意？这难道还不值得那些自命不凡的所谓天之骄子们深思吗？

即使是真正的才子，真有一技之长，也不要期待一步到位，而应抱有一股极大的热情，心情愉悦地投入其中，因为开始的工作对于以后干本专业将起着良好的铺垫作用。这是许多工作多年的人经验的总结。

某大学新闻系素有“才子”之称的沈某，在大学期间已经小有名气，不时有作品见诸报端，有的甚至引起了极大的反响。大学毕业后，他如愿以偿地分到了一家大的报社。他个人认为以他的才能，肯定会被分到“新闻部”，至少当记者。可是分配方案让他好生失望，他被单位分到总编办公室工作，其实领导这样做是为了考察他的综合才能，让他尽快熟悉报社运作的全过程，可他却埋怨领导不具慧眼，结果可想而知。如果领导大度爱才，也许会重用他，假定遇到另外一种领导他肯定会倒霉。

还有某著名审计学院的赵某，毕业之前因其才华出众而被某检察院检察长看中，毕业后令人羡慕，进了该检察院。他满以为检察长会安排他进反贪局工作，让他一试身手，惩治贪官污吏，可没想到检察长却让他先留在办公室工作，幸亏他适应能力极强，把办公室的工作弄得井井有条。一年后他如愿以偿地进了反贪局，据说工作仍相当出色。

因此，对于刚参加工作的人来说，过分看重自己是不足取的，关键是要保持一颗平常心，虚心学习，这样才能享受工作的乐趣。

2. 好高骛远

有的人确实很有才气，对自己手头的工作也能够胜任，可总以为自己没得到重用，总以为自己的付出与收入不成比例，因此当听说某某到什么单位拿了多少钱和升了什么职时，便也跟着频频跳槽，几年下来工作换了一个又一个，仍然没有找到合适的工作单位，白白浪费了几年光阴。要知道许多资历与经验要在工作的过程中才能积累，需要相对稳定的工作环境，总是这山望着那山高，终难有所收获。

有一位博士毕业后，她如愿以偿地拿到了哈佛大学的奖学金去攻读博士后，两年后她又到了牛津大学做访问学者，牛津生涯还没结束她又到了伦敦大学做客座教授。在常人看来，她已经获得了极大的成功，一定是国内许多用人单位仰慕的人才，可当她回国找工作时，却没有一家单位愿意接受她，更不用说别的了，原因是她在国外多年，因频繁更换工作岗位而使自己所从事的研究不成体系，没有发表什么有价值的论文，而她的许多同学，有的只在国外名气不很大的学院做研究，却因成就卓著而入选了中科院的“百人计划”。她也算够有“才”的人了，可是就因为她对工作不满而使自己的才华白白流失，不知道她现在难过的同时，有没有考虑过这些?

当然，绝不是主张一个人非要在一个地方干一辈子，因为那样有时会限制一个人的潜能的最大发挥，许多人希望能够在工作一个阶段后换工作环境，去迎接更大的挑战。但是，在换工作环境之前一定是感觉到自己已经尽职尽责，如果再不离开就难以进步了，只有在这种情况下，更换工作环境才是合适的。

总之，无论在什么样的环境下工作，一份好的心情、一种平和的心态是绝对不能少的，因为只有这样才能让自己有一个稳定融洽的氛围，也才能发挥自己的潜力，取得不俗的成绩。

平稳的心态最重要

人是社会的一分子，社会对每一个人都会产生或多或少的影响。当然了，有正面影响，也就会有负面影响，我们不能总祈求正面影响而埋怨负面影响，让它破坏我们的心情，相反我们应该学会适应这些影响，时刻保持一颗冷静的心。

的确，由于种种原因，我们的社会制度还不完善，还存在种种弊端，比如，以权谋私、任人唯亲、鲸吞公款、仗势欺人、徇私枉法等不正常现象。可是如果老是盯着这些阴暗面又怎么能行呢？人类社会已经发展了几千年，但总的来说是在朝着良性和健康的方向向前发展。人们正不断抛弃一些阻碍社会进步的东西，社会正一步步地向着理想的方向，向着大多数人期望的方向发展。我们应该认识到这是一个极其漫长而艰难的过程，不能奢望一蹴而就。我们必须认清这个道理，我们必须学会去适应。

在淡泊中享受情趣

人面对着的现实世界，存在许多令我们心境不宁的事情。

每天，当我们打开电视和报纸，都会看到许多令人不安的新闻。欧洲又发现了一例“疯牛病”。你情不自禁地会想：我今天吃的牛肉汉堡可别是有“疯牛病”的肉；股市又下跌了，你开始担心自己买的股票；美国发生了校园枪击事件，你在震惊之余，又为你在美国留学的孩子揪起了心；医生说，坐便马桶不卫生，会传染性病，你忽然紧张起来，因为你白天刚刚使用了开会的大楼里的公共卫生间……

在家中，在单位，甚至走在大街上，你也会遇到许多烦心的事：孩子功课不好，又不用功；单位领导莫名其妙地冲你发火，为一件微不足道的小事足足批评了你一个小时；路上，一人嫌你挡了他的道，骂骂咧咧没完……

正如人们所说，人面对着外界的这些干扰，心情怎么能够承受得了？

那么，该如何办？保持心情的宁静。只要稍微宁静下来，你眼前的一切就会是一个完全不同的情形。

让我们试着用平和宁静的心情来看待那些曾让我们心烦意乱的外界干扰。

电视和报纸上总会有许多坏消息。世界就是这样，不可能天天都莺歌燕舞。坏事报道出来了，说明人们已经有了警觉，如果自己无力改变，相信会有人去改变，自己以后当心就是了。孩子让你操心，但最终要靠他自己努力，你尽到责任就可以了，不必为此耿耿于怀。领导可能是有烦心事，不过是拿你当出气筒，不要太在意，受点儿委屈，也就过去了。路上那人是很无礼，但你现在早已离开了他，忘了那人吧，那人早已走了，你还为他而生气，不是替那人继续折磨自己吗？

《世说新语》记载：魏晋时有一个人叫王蓝田，特别容易着急发怒。一次他吃茶叶蛋，用筷子夹，夹不住，于是就大怒，拿起鸡蛋扔到地上，鸡蛋未破，在地上打转。王蓝田更生气了，干脆用穿的木屐去踩鸡蛋，鸡蛋又滚一边了。这位老兄眼睛都瞪裂了，简直要气死了，他从地上捡起鸡蛋，放到嘴里狠狠咬了一口，又吐了出来。

这可能是个极端的事例，但我们在平日里不也经常为鸡毛蒜皮的小事而破坏了我们的平静的心情和平静的生活吗？因为外界的干扰而打乱我们的心境，会影响我们的身心的健康，也会打乱正常的生活节奏。有时还会误大事。

《三国演义》里有一个故事。曹操发兵打刘备，刘备欲联合袁绍共同对曹，便派说客去见袁绍。说客给袁绍分析兵情：曹操征讨刘备，他的老窝许昌就空虚了。袁绍发兵乘虚而入，就可打败曹操。这是一个极好的机会。谁知袁绍根本无心谈论此事。但见袁绍形容憔悴，衣冠不整，一口一个“我要死了”。原来是他的第五个儿子生了疥疮，他的神情也就恍惚不宁了，哪有心思去打仗？说客用手杖敲着地说：“这样难得的打败曹操、夺取天下的机会，就因为儿子生病而不要了。真可惜呀！”跺着脚叹着气走了。

不要因外界的纷纷扰扰而自坏阵脚，乱了自己生活的步子，更不要心生烦躁、忧虑、焦灼，要保持心的宁静。

东晋大诗人陶渊明作诗道：“结庐在人境，而无车马喧。问君何能尔，心远地自偏。”居住在嘈杂的人间，却听不到车水马龙的喧嚣。为什么会如此？因为心是宁静的，身在闹市也如在偏僻的地方一样。

在《不要为琐事烦恼》一书中，介绍了一种如何在一片混乱之中保持平静和安宁的方法，这就是找到你的“风暴之眼”。所谓“风暴之眼”，原是指台风、飓风甚至是龙卷风的中心地带，一块自始至终风平浪静的地带。这片地带以外的任何事物都被席卷而去，只有这个中心地带仍旧保持着平静。如果我们能在“社会风暴”和“人际风暴”中找出它的“风暴眼”，则不论周围环境有多恶劣，噪声有多大，我们都能够做到耳根清净、心情平和、临危不乱。而这个“风暴眼”其实就是我们自己镇静从容的心境。

而要保持这种平静心境，就要学会去注意我们的感觉，注意我们生命的质量，注意人生中最重要的事情，实现自己的美好理想。停止担忧那些不重要的事情，比如，衣服不太合身，交通又堵塞了，有人好像对自己不友好，这次提升又没有我，别人买了汽车而自己还没有，等等。我们还要学会不要昧于事理，让生活失去了平衡，就是说，不要让工作上的压力影响我们的正常生活。

世间的事不是我们都能掌握主动权或只要努力就能做好的，有许多事我们只能尽到本分，但仅此而已。所谓“谋事在人，成事在天”。明白了这一点，我们就不会因遭遇外界的压力和痛苦而使自己变得郁郁寡欢或烦躁不安。对人世间的痛苦我们都会产生同情，这是正常的合乎人性的反应。但我们也要与它保持适当的距离，只有这样，才是处理痛苦的妙方，也是让自己能继续把工作做好的唯一方法。

美国学者马尔登说：“不安和多变，是形容现代生活的贴切词语。我们必须面对不安的生活，使我们的船驶过人生的险道——否则的话，就只有退回子宫，恢复妄想和苦闷。因为能为我们担保的东西很少，我们只有学会尽力去克服那些危险，才能过着更满意的生活。”他说：“只要你觉得自己是一个值得一活的人，人生的危机就不会妨碍你去过充实的生活。……如此，就会有一种安全感取代焦虑不安，而你也就可以快快乐乐地活下去，把不安之感减低到最低限度。”有了这种“安全感”，也就自然会有心灵的平和宁静。

要保持宁静的心境，可以在遇到烦心事时有意识地改变一下想法。比如，在乘公共汽车时碰到交通堵塞，一般人会焦躁不安，但你可以想：“这正好使自己有机会看看街道，换换脑子。”如果朋友失约没来找你玩，你也不必心生烦闷，你可以想：“不来也没关系，正好自己可以看看书。”这样转换想法，就可以使烦躁的心境变得平和起来。

有个小男孩生气时不哭也不闹，而是悄悄躲到桌子底下。父母找来找去，终于看到他从桌下探出脑袋。这时父母把他拉出来，小男孩笑了，已不生气了。这是一种很好的自我调整心态的办法。我们在心烦时也可以找个地方躲起来，比如，到电影院看场电影，或者骑车到郊外转转，我们的心情就会恢复过来。

清代人石成金曾写过《惺斋十乐》，讲人生的十种乐境，这十种乐境正是平和宁静的心情所致，或者说，十种境况也是使心情安宁的好办法，不妨一读：

“乐能知福。人能知福，即享许多大福。当常自想念，今幸生中国太平之世，兵戈不扰，又幸布衣蔬食，饱暖无灾，此福岂可轻看。反而思之，彼罹灾难困苦饥寒病痛者，何等凄楚。知通此理，即时时快乐矣。

乐于静怡。不必高堂大厦，虽茅檐斗室，若能凝神静坐，即是极大快乐。试看名缰利锁，惊风骇浪，不知历无限苦楚。我今安然静冶性情，此乐不小。唯有喜动不喜静之人，虽有好居室、好闲时，才一坐下，即想事务奔忙，乃是生来辛苦之人。未知静怡滋味，又何必强与之言耶。

乐于读书。圣贤经书、举业文章，皆修齐治平之学，人不可不留心精研，以为报国安民之资。但予自恨才疏学浅，年老七十余岁，且多病多忘，如何仍究心于此，尚欲何为乎？目今惟将快乐诗歌文词，如邵子、乐天、太白、放翁诸书，每日熟读吟咏，开畅心怀而已。又将旧日读记之得意书文，重新诵理，恍与圣贤重相晤对，复领嘉训，乐何如耶。

乐于饮酒。予性喜饮酒，奈酒量甚小，每至四五杯，则熙熙皞皞，满体皆春，乐莫大焉。凡酒不可夜饮，亦不可过醉，不但昏沉不知其乐，且有伤脏腑也。

乐于赏花。观一切种植之花，须观其各有生生活泼之机，袅袅娇媚之态，不必限定牡丹、芍药之珍贵者。随便各种草本、木本之花，或有香，或有色，或有态度，皆为妙品。但有遇即赏，切勿辜此秀色清芳也。

乐于玩月。凡有月时，将心中一切事务尽行抛开，或持杯相对，或静坐清玩，或独自浩歌，或邀客同吟。此时心骨俱清，恍如濯魄冰壶、置身广寒宫矣，此乐何极。想世人多值酣梦，听月自来自去，甚可惜哉。

乐于观画。画以山水为最，可集明画几幅，不必繁多，只要入神妙品。但须赏鉴之人，细观画内有可居可游之地，心领神怡，将予幻身恍入画中，享乐无尽。不独沧海凄然，移我性情也。

乐于扫地。斋中扫地，不可委之僮仆，必须亲为。当操箕执帚之时，即思此地非他，乃我之方寸地也；此尘埃非他，乃我沉昏俗垢也。一举手之劳，尘去垢除，顿还我本来清净面目矣。迨扫完静坐，自觉心地与斋地俱皆清爽，何乐如之。

乐于狂歌。凡乐心词曲诗歌，熟读胸次。每当诵读之余，或饮至半酣之时，即信口狂歌，高低任意，不拘调，不按谱，惟觉我心胸开朗，乐自天来，真不知身在尘凡也。

乐于高卧。睡有三害，曰思，曰饱，曰风。睡而思虑，损神百倍；饭后即睡，停食病生；睡则腠理不密，风寒易入，大则中厥，小亦感冒。除此三害，日日时时，俱可享受羲皇之乐。不拘昼夜，静卧榻上，任我转侧伸舒，但觉身心快乐，不减渊明之得意也。”

还是魏晋时的事：一个书生在屋里坐时，忽有一只苍蝇飞进来。苍蝇嗡嗡叫，书生好不烦躁，竟拿起剑，满屋子追着砍杀苍蝇。

同样是一只苍蝇，是现代的苍蝇，它飞到了一位正在花园里闭目养神的老人的左手上。老人抬抬左手，苍蝇又落到老人的右手上。老人笑了："它吻了我的左手，又亲吻右手了。"

同是外界的干扰，书生无法保持平静的心态，做出好笑的举动；老人以平静的心情对待干扰，苍蝇成了生活愉快的点缀。谁更幸福?

诸葛亮有句名言：非淡泊无以明志，非宁静无以致远。

能在一切环境中保持宁静的心态的人，是有高度修养的人，也是能成就大事的人。他能冷静地应对世事的千变万化，永远不迷失自己的目标。我们要努力培养自己的抗干扰能力，"任凭风浪起，稳坐钓鱼台"。这个"台"，就是宁静的心灵。

你的路，以你的梦想去探寻

梦想是一个人不可或缺的，它与理想不同。梦想是激励自己前进的脚步，无论困难多大都要实现。记得一句话说：“我希望早上叫醒我的不是闹钟而是梦想。”梦想有大、有小，只有满怀梦想的人，才会得到他一世的追求。我们要用梦想激励自己，要用梦想开拓一片天地，去探寻一条前行的路。要勇敢地踏出那胜利的一步。希望在梦想的终点，你会不顾一切地赢得第一。

如何选择职业方向

夏天时，一位北京工业大学的学生到公司来找我，他将于2007年7月毕业，曾经是公司在北京工业大学的高校联络员，听我们的工作人员说这位同学工作认真负责，为人也很厚道，出于工作上的关心和职业的敏感，和他聊起了他毕业后的打算，当然不是以付费方式来享受我们的职业规划服务。

他学的是生物化学工程，谈不上喜欢也谈不上不喜欢，觉得本科读得不够，想考研，后来就准备了考研，考研不成功，之后就开始找工作，找工作时由于他本人没有明确的职业定位找得不是特别如意，用人单位最多的就给了他每月1500元的工资。我告诉他不错，刚毕业出来找一个专业对口的，只要你喜欢，从基础开始做起，逐渐往上升，做精、做熟、做透，自然会有很好的回报。他说工资太低，有位同学劝他改行学计算机，那位同学告诉他搞计算机都很赚钱，帮别人做个很简单的网站一个月就能赚上七八千元。我告诉他不要随意受别人的干扰，命运是自己掌握的，选择要Follow your heart（跟随你的心）。

时间过得很快，工作的忙碌让我逐渐淡忘了这件事情，时隔半年多，有一天这位同学又到公司，刚好我也在，问了他的近况，他果真改行了，从父母那里死活要了2万多元去学了半年的计算机编程和网页制作，现在已经参加工作两个月了，不过他目前一个月的工资没有七八千元，只有1000来块，他又陷入了痛苦迷茫之中。

不少大学生都有这样的感觉："高中的梦想就是考大学，上了大学就没有了方向，十几年记忆里最深的就是教育系统把我们培养成了考试的机器，如今毕业了居然找不到理想的工作，现在除了考试技能其他什么都没有了，我好像把自己的梦想丢了……"

社会中，我们也不难看到，同样是在工作，甚至是做相同性质的工作，或者更巧的是当年还是毕业于同一所学校，或者同一个专业，为什么有的人锦衣玉食，有的人聊以维生？为什么有的人在工作中充满激情，有的人却总是无精打采？

我们国内目前的社会氛围，现行的教育系统，加之父母的观念影响，我们的年轻人似乎从中学时代开始就对梦想的追求偏移了方向，最常见的有两种状况。

第一种状况是，进大学的确是有梦想的。这些梦想来自社会氛围里热门专业或职业的发展，因而以此为目标，希望自己毕业后也能沾沾热门之光。但这种梦想太浅，通常最容易看到的结果是，等你4年后毕业的时候，不是热门职业不再，就是和你同样专业毕业的人太多，供过于求，绝大部分人都找不到工作。就像是现在大家都流行去海边度假，你也去了，但是到了之后，发现海滩上人满为患，你沾不到海水不说，连沙滩可能都踩不上。

第二种状况是，求学生涯与日后的工作规划根本无关。求学，只是一个考试志愿和分数妥协下的结果。读什么专业和自己的未来无关，和自己的兴趣也无关。然后，等到要毕业了，再考虑自己到底要从事什么职业、找什么工作。也许，这种情况的好处是，你不至于赶上人满为患的沙滩，然而，你却可能发现，自己根本就连天南地北都分不清楚，彻底迷失了。

我们失去了对梦想的真正理解，等我们最终到了要踏出校门找工作的时候，"就业难"的现实摆在了我们的面前，"什么才是我们心中的梦想？"

当我们正在寻找梦想的答案时，我们的老师、我们的父母或社会上部分媒体也开始来为我们助威，为大学生就业难寻找灵丹妙药，后来开出"一剂良方"并一致地为其摇旗呐喊："先就业、再择业，找不到合适的工作也没有关系，到时候可以骑驴找马。”

这客观上造成了让我们走上一条并不适合自己职业发展的弯路，离自己的梦想越来越远，梦想再一次发生了严重的偏移！

等到某一天当我们发现工作是那么的枯燥无味，生活也是那么的沉闷无聊，到了我们真正找“马”的时候，招聘单位的老板看我们怎么骑的是“驴”，总怀疑我们骑“马”的本领，于是我们只好一直待在“驴”背上……

美国的保险工会对全美20所重点大学的毕业生做了长达几十年的跟踪调查，有一个百分比。在100个人当中，1个人成了巨富，4个人成了富翁，5个人成了行业领域中有所建树的专家，12个人活不到60岁离开人世，29个人退休后继续靠兼职做零工来增加收入以便保持生活质量不下降，49个人没到退休年龄就已经饱受失业的折磨一生碌碌无为靠政府的救济和社会保障来生存。

这个百分比当中，成了巨富的那个人和成了富翁的4个人以及行业领域中有所建树的5个专家，他们都有明确的职业规划，也有清晰的职业生涯发展目标，在人生中不断地坚持和努力取得了最终的成功；29个人也做了一定的职业规划，但没有坚持下去，中途换了很多个职业，以致退休后还要靠打零工来增加收入以保证收入不下降；49个人基本没有自己的职业规划，不知道自己该往何处去，自己的生活完全被人掌控，自己的命运完全受别人的摆布，一生碌碌无为，没有到退休年龄就提前下岗失业，每天生活都处于担忧、焦虑的状况，对他们来说生活就像一只钟摆在无聊与痛苦之间来回摆动。

我们每个人其实都在这100个人当中，我们大致的情况也可以按照上面几个类别来划分。不管你认可还是不认可，职业规划与个人生涯管理都将会越来越受到我们每个人的关注与重视。

3年来我应邀到全国80多所高校面向在校大学生做“未来之路”的职业规划与个人生涯管理讲座，通过与同学们的交流，我发现，大多数人的迷茫并非认为职业规划不重要，而是因为：

他们不知道如何去做；

大学所学知识和技能与社会的实际要求严重脱钩；

他们对自己的未来感到迷茫从而变得没有信心；

他们将自己的目标制定得过于长远，这使得他们立刻看到成果变得不可能。

人生犹如一次长途旅行，一个人从出生开始经过一段漫长的人生经历，一直到离开这个世界。虽然每个人都有其不等的生命长度，但是成长的阶段则是不变的，不同阶段的成长环境，需要有不同的驾驭技能来配合，以符合我们的发展，所以我们必须要有“生涯规划”的观念。

在这生命的长途旅程中，从出生到死亡，一次就做好生涯规划是一件几乎不可能的事情，我们所要做的是在成长的转换点上来切割我们的人生，通过这种有意识的规划来矫正人生航向的偏差。

的确，职业生涯中充满了不确定性因素，我们无法了解明天会发生什么。但是，毕竟在生命中还有许多东西是我们可控的，我们只要把握这些可控的因素，在面对一个又一个人生的选择时，就能抵制住一些诱惑，就能使我们的职业生涯不至于偏离得太远。

人生犹如一次长途旅行，我们是把生命的列车开往梦想的地方去享受成功的幸福生活，还是漫无目的地随波逐流去过一种等候别人救济与施舍的悲惨生活，关键在于我们如何为自己的人生旅程勾画出一个什么样的梦想蓝图。

人生犹如一次长途旅行

人生犹如一次长途旅行，在旅行出发之前，我们必须考虑好四个问题。

一、要去哪里？你想要的东西、你的梦想、你的方向。

二、是乘飞机、火车、汽车、自行车还是徒步旅行？选择交通工具并做相关准备。

三、选择什么路径？选择通往梦想的平台。

四、挑选一本好地图，选择一位好的人生教练或导师。

只有把这四个问题处理好了，我们才能将我们生命的列车开往梦想的地方，去享受成功的幸福生活。

1.我要去哪里?

在车水马龙的十字路口，人来人往，每个人都在奔向他既定的方向。假如一个人走到你面前问，某某地方怎么走？如果你熟悉这块地方或作为过来之人，你通常会非常乐意告诉他该怎么走。但如果一个人走到你面前来问，请问：“我要去哪里？”这个问题你该怎么回答？

“我要去哪里？”这个看似简单的问题，可难倒了我们当今的不少年轻人。

每个旅行者都必须首先要知道他想要去的地方或目的地，并且这个地方或目的地是他梦想中的或是他内心真实渴望的。只有这样，他的这次旅行才不会枯燥与无聊。想一想我们在做一件无聊的事情和一个为了实现自己梦想的事情之间动力上的差别，你就可以很容易地明白了。

如果你去旅行的地方是你梦想中想要去的地方，你就会拥有巨大的动力和激情，而且是势不可当的动力与激情，你就会为了实现你的梦想而抵制住各种诱惑，你不会因此而迷恋在别人看起来不错而与你的梦想无关的事情上面。

方向比速度重要，如果我们选择了正确的方向，那么即使速度稍慢一些，我们也终究会到达目的地；如果方向错了，更快的速度只能导致更漫长的弯路……

如果你还不知道你要去哪里，那么请你仔细考虑两个问题：你知道你想要什么吗？你知道你的梦想吗？搞清楚这两个问题，对你的职业选择和职业发展方向将会有很大的帮助。

2.选择交通工具——如何打造你的梦想列车?

选择什么样的交通工具，决定了我们到达目的地的速度。飞机当然是我们日常的交通工具中最快的，但是成本也比较高；火车、汽车相对较慢一些，但也比较经济，这是最大众化的使用最广泛的交通工具；自行车、徒步旅行速度最慢，基本不需要什么成本，世界上只有极少数人选择了这种方式，除自娱自乐之外，选择徒步旅行实在是人生的一种无奈之举。

记不得是哪一年，我当时还在上大学二年级，我的舅舅从台湾回大陆探亲，我和他乘车从贵阳到遵义，那时贵阳到遵义的高速公路还没有修建完毕，我们走的是国道，路途中不时地经常会看到很多背上背着装满东西的背篓成群结队地一步一步缓缓地行进在马路上的贵州老乡们，我舅舅感到特别诧异，问了我一句话："连成，他们为什么都走路？"我舅舅是在台湾出生并在台湾长大的人，他初次到大陆，而且还是初次到大陆最贫穷的西部偏远地区贵州省，不能怪他不知道这些常识。多年来贵州山区的老百姓就是这样的生活方式，他们谈不上使用交通工具，乘车对他们来说是一种非常奢侈的选择，哪怕背上背负的沉重背篓把他们自己压得接近90度弯腰看起来快支撑不住的情况下，他们还是选择了徒步。

徒步可能不需要做任何准备，只要父母给了我们健全的身体我们就具备了徒步的基础和技能。当然，社会是最公平的，越容易得到或越容易拥有的东西竞争力就越差。

“自行车”，一种在改革开放前10年随处可见的交通工具，多多少少在我们这一代人中留下了不可抹灭的记忆。我还记得1997年我初次来到北京这座大城市，这座装载着我多少人生梦想并让我通过自己的努力与奋斗占有一席之地的中华人民共和国首都，只见天安门城楼前红绿灯口的绿灯一亮，数不清的自行车装载着身处那个时代人们的梦想逐渐消失在这条十里长街的东西长安街上。

如今自行车越来越少了，曾经的“飞鸽”“永久”和“凤凰”这三大名牌也在中国经济发展和进步的浪潮中逐渐销声匿迹，不知不觉中已经让位于汽车这种交通工具。

我们该如何打造这辆属于我们这个时代或属于我们自己的“汽车”呢？汽车的方向盘是我们人生旅程的航标，汽车的引擎是我们人生的动力，汽车的刹车是我们的品德和诚信。刹车不合格或没有刹车的汽车坚决不能上路，这是交通规则，也是人生的游戏规则，谁要违反了这条规则，谁就会在这上面栽跟头的。

“汽车”这辆工具，是各种部件的组合体，方向盘、刹车、发动机引擎、汽油箱、机油箱、汽车底盘、轮胎、油路、电路都是我们人生旅程出发前必须要检查的。这好比我们的知识结构，我们即将踏入社会或已经踏入社会了，我们的知识结构是否合理？我们的准备是否充分？

如果你已经是一名大学生了，你还想或正在准备着去“考硕”“考博”以争取创造速度更快的交通工具“飞机”或“火箭”，我也鼓励你，但我还是要特别提醒你，一定要有自己清晰的方向。

“飞机”和“火箭”速度都很快，但是假如飞机起飞，却不知道飞向何方，这样的飞机，怎么不是满载重重危机呢！

选择“徒步”还是选择“汽车”抑或选择“飞机”，你说了算。如果准备好了，那就去选择合适的路径上路吧，尽情地去享受人生的幸福旅程。

3.选择路径——选择适合你发展的公司或人生平台

我们的人生方向或目的地已经确定，我们的梦想列车已经准备就绪，就要出发了，我们还面临着一次选择，我们该选择什么路径？

路有很多种，有乡村的马路，有公路或者说国道，还有高速公路，选择走哪条路，基于你要去的方向和你的交通工具，不同的交通工具适合在不同的道路上行走。

每个人都必须要找到自己最合适的路，最合适的路就是实现我们人生梦想的路，实现梦想的路虽然因人而异有所不同，但每个人追求幸福的感觉却是一致的。

有的车适合在乡村的马路上行走，有的车适合走国道，有的车适合走高速公路，但不管是什么路，都是基于你心中的梦想和你所使用的交通工具，只要你做了合适的选择和路径规划，你总会到达你心中的罗马。

路径相当于实现我们人生梦想的平台，可以是一家公司，也可以是一个机构。选择什么样的公司，选择什么类型的机构，都是取决于我们的人生梦想。我们选择的公司能否为我们带来发展？我们选择的机构能否给我们提供施展才能的机会？可以说，这关乎我们人生梦想是否得以顺利实现。

4.挑选一本好地图——选择一名好教练

地图让我们能随时方便地查阅我们行进的方向和路径，以保证我们向着目的地按照既定的路径规划行驶；路书则是前人走过的路的一个详细记载和说明，从这当中我们可以得到很多有益的帮助和提示，包括人生旅途中的提示和提醒。

地图和路书是我们人生旅程的向导，相当于我们人生的导师或教练，人生旅程中必不可少，有了他的陪伴，可以让我们大大地减少走弯路的机会。他可以是一本书、一位老师、一位兄长、我们的父母、行业中资深的专家、公司的上司或老板，只要你留心，他们都可能是我们的人生导师或教练，他可以帮助我们实现人生的愿望、达成人生的梦想和职场的成功，不过我们也要认真谨慎地选择，择其善者而从之，其不善者而改之。

我们当中有不少人宁愿选择做一个失败者，也不愿意选择依靠他人的支持和别人善意的帮助，无论是付费还是免费。我身边就有不少这样的人，宁愿在要去的目的地的路途中为找不到而转来转去白白地折腾时间和精力，也不肯张开他那尊贵的小嘴去问问身边的路人。

未来之路，我们准备好了吗？

实现人生的梦想是快乐的，也是幸福的，每个人都有这种机会和权利去体验这种快乐与幸福。

教练肩负着培养下一代的重要责任。正确的理想信念是播种未来的指路明灯。一个优秀的教练,应该是“经师”和“人师”的统一,既要精于“授业”“解惑”,更要以“传道”为责任和使命。好教练心中要有国家和民族,要明确意识到肩负的国家使命和社会责任。我们的教育是为人民服务、为中国特色社会主义服务、为改革开放和社会主义现代化建设服务的,党和人民需要培养的是社会主义事业建设者和接班人。好教练的理想信念应该以这一要求为基准。好教练应该做中国特色社会主义共同理想和中华民族伟大复兴中国梦的积极传播者,帮助人筑梦、追梦、圆梦,让一代又一代年轻人都成为实现我们民族梦想的正能量。

你想要去哪儿？你想要的是什么或你的梦想、你的方向是什么？

如何打造你的梦想列车？如何准备和提升自己？

选择什么路径？如何选择合适的公司或人生发展平台？

如何挑选一本好地图？如何挑选一名好教练或好老板？

也许你还没有过长途旅行的经验，或者你正在准备一次人生的长途旅行，不管怎样，只要是实现梦想的旅行都是幸福的。

好心境，感悟快乐远行

人生无须惊天动地，快乐就好；在这个世界，总是会有一个安静的角落，让你留恋，让你去驻扎。在喧嚣的背后，也就是一颗平静的心，是默默在感悟在伤怀；纷繁的空隙，是一双清澈的眼，静静在领略在闪亮。有心无难事，有诚路定通，正确的心态能让你的人生更坦然舒心。只要心态是正确的，那么我们的世界也就会是光明的。

如何培养好心境

1. 有痛苦才有快乐

痛苦是无法避免的，就如光明与黑暗同行一样。乐观者不会被痛苦打倒，在经历人生苦痛之后，他们会使自己的人生更加完整。

有一个成语叫作“蚌病成珠”，意思是说蚌在伤口复合时，伤处就会出现一颗晶莹的珍珠。其实，我们的生活也是这样，和“蚌病成珠”如此贴切，珍珠就在我们的痛苦中渐渐成长。

任何不幸、失败与损失，都有可能成为有利的因素。造成失败的原因无外乎主观和客观两方面的因素。有的失败是由于人们自身能力有限所致。在这种情况下，就要反省一番，再作冲击。

痛苦是一种消极情绪，没有人喜欢痛苦。痛苦可以升华、转移，却无法摆脱。因此，不要绞尽脑汁摆脱痛苦，这是一种更沉重的痛苦。

痛苦是不可避免的，痛苦也是人生的一个重要组成部分。既然无法改变既定的事实，无法摆脱痛苦所带来的种种不利，那么，与其折磨自己，使自己身心疲惫，不如坦然地面对，像体验幸福那样去体验痛苦，生活未必总是充满苦涩。

人的情绪有好多种，包括喜、怒、哀、乐等，缺乏任何一种，都不是一个完整的人生。人生不可能只有积极的情绪，而没有消极的情绪；不可能只有快乐和幸福，而没有悲伤和痛苦。就如同餐桌上的饭菜一样，任何东西都不能缺少，否则可能会造成营养不良的后果。

幸福总是容易忘记，而不幸总是停留在记忆里，它所留下的阴影让人挥之不去。不幸与痛苦在人生的发展和完善中，扮演了重要的角色，就是因为痛苦的存在，才使人生的经验和阅历更加丰富，使人成为一个完整的人。

一个人如果经历过名落孙山的痛苦，就会更加体味到金榜题名的喜悦；没有在病床上痛苦地煎熬过，就不懂得健康的重要性。

痛苦的存在是合理的、必然的。既然已经发生，就不要逃避，也不要刻意地将它改写或者抹掉，更不要过度夸张，使自己的人生畸形发展。

2. 不要和自己过不去

自己与自己过不去，就相当于是在为难自己。自己设公堂审判自己，自己与自己打着官司，是一种自寻烦恼的表现。

有一位男士，小时候曾经得过天花，脸上留下许多麻子，可能就因为如此，快到40岁了，他依然单身一个人。

有一天，这位男士在大街上行走。他朝前面望去，一位少妇向他回眸一笑，然后继续挪动着轻盈的步伐，风姿绰约地向前走去。

他很奇怪，这样一位漂亮的少妇如此含情脉脉地朝自己嫣然一笑，难道是喜欢上了自己？他的心里进行了一番激烈的斗争，自己相貌平平，普通的女人都不愿意嫁给我，难道一个美丽的少妇愿意嫁给我吗？然后，他嘲笑自己今生无幸得此美女为妻。

于是，他也礼貌地朝少妇点点头，继续走自己的路。过了一会儿，他发现，前面这位美女依然回眸对他招手微笑。

他又进行了一次激烈的思想斗争，“莫非她真的对我有意思？如果这样的话，那可要抓住机会啊，机不可失。”

他的心里充满了幻想，自己越想越陶醉，于是，他加快了自己的步伐，紧跟在少妇的后面。

少妇见他紧紧地跟在自己的身后，没有流露出丝毫的不满。当他们来到一住所前，少妇对他说：“请你在此等我一会儿，我马上出来。”

这位男士心花怒放，他高兴地点点头。

等了好长时间，那位少妇终于出来了，但是，她不是一个人出来的，而是带着两个可爱的小孩。

他不禁一震，没想到这位美丽的少妇已是两个孩子的妈妈。但他仍高兴地向小孩问好。小孩子看到他的脸，纷纷向后缩，有些害怕眼前这位“面目狰狞的叔叔”。

这时，少妇温和地对小孩说：“这位叔叔以前也有和你们一样漂亮的脸蛋，可是他小时候没有去接种疫苗，因此得了天花，变成了今天这个样子。你们今天是去打针接种疫苗呢，还是想以后也变成这个样子啊？”

孩子看了看这位男士，又看了看妈妈，乖乖地说：“我们要去打针接种疫苗。”

听完少妇与小孩的对话，这位男士的心凉了一大截儿。他以为这位充满风韵的少妇看上了自己，没想到是看上了自己的“脸蛋”，把自己当作小丑来教育孩子。

他越想越生气，想要发泄一下，但是，当他看到孩子们高高兴兴地去打针接种疫苗，又为自己做了一件好事而感到欣慰，于是，他心里宽慰了许多。

少妇看出了他的心思，有些不好意思，想要约他进屋里坐坐。这位男士婉言谢绝，并自我解嘲地说："谢谢你，'天花使者'还得去劝导其他小孩呢！"

从此以后，"天花使者"的美名渐渐传开。

相貌的好与坏并不能影响一个人一生的情绪，如果一个人因为自己的相貌丑陋而自暴自弃，常常与自己过不去，就如同为自己的心灵设置了一个难以打开的牢笼。

3. 天堂与地狱在你的一念之间

阿基米德曾经说过："给我一个支点，我可以撬起整个地球。"人的力量是伟大的，可以改造世界，为何不能改造自己的内心呢？杠杆在自己的手中，生命的支点也在自己的手上，生活的轻松不轻松，完全掌握在自己的手里。

一位老僧盘着双腿坐在路边，一动不动，双目微合，两手交握在衣襟之下，陷于沉思。

正在他冥思苦想的时候，一位武士出现在他的面前，声音嘶哑地问道："老头儿！告诉我什么是天堂，什么是地狱。"

老僧依然一动不动，好像什么也没听到。

武士的表情有些儿不自然，有一点点愤怒。

渐渐地，老僧睁开双眼，露出一丝微笑。

武士站在身旁，一副迫不及待的样子。

老僧慢慢抬起头来，表情很平静地问道："你真想知道天堂和地狱之间的秘密？"

武士点了点头，眼里充满了期待与渴望。

这时，老僧突然破口大骂道："你这粗野之人，手脚沾满污泥，头发蓬乱，剑上锈迹斑斑，一副难看相，就像一个小丑，还来问我天堂和地狱的秘密？"

武士莫名其妙地被恶狠狠地骂了一顿，愤怒极了，满脸血红，脖子上青筋暴露，他拔出剑，举到老僧头上。

利剑就要落下，老僧忽然平静地说道："这就是地狱。"

一语既出，武士惊愕不已。刹那间，对眼前这个敢用生命来教育他的瘦弱老僧充满了无限敬意。

他的剑停在半空，眼中噙满了感激的泪水。

老僧依然很平静地说："这就是天堂。"

许多人一生都执迷于天堂和地狱之间，甚至最终都没有一个确切的结果，到底什么是天堂，什么是地狱。事实上，这根本就不是一道难题，天堂和地狱只在你的一念之间。

会生活的人总是对生活充满了希望与眷恋，生活快乐不快乐，全在自己对生活态度的理解。面对所有的打击，要坚韧地承受；面对生活的阴影，要勇敢地克服。垂头丧气和心情沮丧是非常危险的，这种情绪会减少做事的乐趣与动力，甚至毁灭生活本身。因此，永远不要忧虑，永远不要发牢骚。

4. 淡泊名利，笑看输赢

世界并不完美，人生当有不足。输又如何？赢又如何？对于某些遗憾的事情，不要耿耿于怀，对于错过的机会，不必耿耿于怀。从容一些，对于好多事情，一笑了之即可。

人们每天承受着巨大的生存压力，面对好多事情，输赢得失在所难免，有时可能会显得有些力不从心甚至无所适从。如果不懂得及时调节自己的心态，苦恼、忧愁、烦躁、愤怒、痛苦等一系列不良情绪就会严重地损害人们的身心健康，而最好的自我调适方法，就是看轻输赢，笑对得失。

做一个快乐的人，首先要心态坦然从容。对于周围的事情，不必太苛求，不必非要争个你死我活。给别人一个回旋的余地，也是给自己一个轻松呼吸的机会。

一个人如果面对事情时，都能够做到笑看输赢，那他就是一个胸怀宽广者，是一个淡泊名利者。凡是懂得生活的人，无不心态从容不迫，自信、豁达、坦然。

“天下熙熙，皆为利来；天下攘攘，皆为利往。”人的欲望是无止境的，知足的心态会使人精神坦荡，不受强烈欲望的控制，也不会被输赢所困。

一位作家曾说：“我们不应该为一些看似重大的事而心情郁闷，它除了使你意志消沉，不会给你带来任何帮助。”的确，输又何妨？输不起怎能会赢？只有尝过输的滋味，才会更加珍惜赢的精彩，才会踏踏实实地生活，不骄不躁，稳稳当当。

有的人内心贫乏，生性急躁，喜欢喧嚣和热闹，耐不住寂寞，总是想尽一切办法从他人眼中寻找自己赖以生存的保障，但自身环境却又窄得令人窒息，结果活得很累。而笑看输赢的人，能够不计得失、修身养性，也能够在反省中看见自身的不足，从而可以以一种坦然的心态面对生活。

笑看输赢，对于一些损失，要看得淡如云烟。乐观豁达，心胸开阔、襟怀坦荡，遇到烦恼的事情，才会很快释怀。

人生一世，匆匆几十年，一晃而过，如果把自己的生命消耗在输与赢的争斗中，一生将会不堪重负。因此，若要活得轻松自在，就要卸下生活的重负，不被输赢得失所累。

善待自己，就要看轻输赢、笑对天下事，这是一种生存的大智慧，更是一种处世的高境界。只要心中的信念没有萎缩，只要自己的季节没有严冬，即使风凄雨冷，依然可以“任尔东南西北风”，把酒一杯且从容。

5. 放弃承受不起的东西

放下生命中承受不起的东西，才可以使自己轻松地应对生活；放下一些力所不能及的事情，才可以使自己不被外物所困；放下一些承载不动的承诺，才可以轻松前行。

有这样一个故事：一个青年背着一个大包裹，千里迢迢地跑来找无际大师。他痛苦地说："大师，我很孤独、痛苦、寂寞，长期跋山涉水让我疲倦到极点。我的鞋子破了，荆棘刺破我的脚，我的手也受了伤，流血不止。可是为什么我总找不到快乐？"

大师问道："你的包裹中装的是什么？"

青年答道："它们对我很重要。里面保存着我每一次跌倒时的痛苦，每一次受伤后的哭泣，每一次孤寂时的烦恼。如果没有它们，我就不能走到您这儿。"

大师听后，没有直接回答他的问题，而是把青年带到一条河边，并与他一同坐船过河。

上岸后，大师对青年说："你扛着船赶路吧。"

听到这样的话，青年感到很惊讶，他问大师："船那么沉，我怎么能扛得动呢？"

大师微微一笑，对青年说："我知道你扛不动。但是你要明白，在过河时，船是有用的。过了河，船就不能再发挥作用，就要放下船继续赶路。否则，扛着船走路，船只会成为沉重的包袱，阻碍我们前行。"

听罢此话，青年幡然醒悟，终于找到了自己一直不快乐的原因。

人生在世，往往有太多的东西放不下，功名、金钱、爱情、事业等，然而，太多的东西会让生命不堪重负。对于一些事情，不要看得过重。

一个人如果肩负重负，就会给自己增添许多烦忧、苦恼与不快，慢慢地就会觉得生命的沉重。其实，几乎每个人都有过失败时的痛苦与孤独、失意时的寂寞与眼泪，因为这些经历的存在，人生才变得更加丰富多彩。但是，曾经的经历都成为过去，如果一直拖着这些不快念念不忘，这些经历就成了人生的包袱，让人前进的脚步日渐疲惫，而承受着重负低头行走，就会无视路边的风景，看不见阳光和希望。

6. 只有完整的树叶，没有完美的树叶

世界上没有完美的树叶，只有完整的树叶。完美是相对的，而完整是绝对的。

有一位老和尚，他有两个徒弟，他想从这两个徒弟中挑选一位做自己的衣钵传人，于是，他费尽心思来考验这两个徒弟。

有一天，他对这两个徒弟说：“今天你们出去给我拣一片最完美的树叶。”

俩人遵从师命，下山了。

他们分头寻找师父所要的树叶，大徒弟向山这边的小树林走去，二徒弟向山那边的森林走去。

时间过了不久，大徒弟带着一片树叶回来了，师父问他是否找到了完美的树叶，大徒弟把树叶递给师父说：“这片树叶虽然并不完美，但它是我见到的最完整的树叶。”师父微笑地看着他，没有说话。

不久之后，二徒弟也回来了，他在外面找了好久，始终没有找到一片完美的树叶，最终垂头丧气地空手而归。

他见到师父，面露难色，师父问他为何没有带一片树叶回来，他抱怨道：“我见到了很多树叶，可是怎么也挑不出一片最完美的树叶。”

最后，师父把两个徒弟叫到身边，对他们说：“世界上没有完美的树叶，只有完整的树叶。”大徒弟继承了师父的衣钵，二徒弟恍然大悟。

好多人总是抱着找一片完美树叶的态度去生活，于是，总是不顾一切地、不切实际地去寻找，而且抱着不达目的誓不罢休的态度，为了找到自己心中理想的树叶，错过了好多机会，直到有一天发现这个世界上并没有完美的树叶时，才后悔不已。

感悟快乐的心情

1. 豁达才可从容

成功属于愿意成功的人，快乐属于愿意快乐的人。一个人如果不能让自己豁达一些，只会日渐疲惫。

古希腊神话中，有一位大英雄叫赫拉克利斯。有一天，赫拉克利斯在坎坷不平的山路上行走，发现脚边有个东西很碍脚，他踩了那东西一脚，谁知那东西竟然膨胀起来，而且加倍地扩大。

赫拉克利斯恼羞成怒，拿起一根碗口粗的木棒，向着这个奇怪的东西砸去，令他万万没有想到的是，砸完之后，那东西竟然膨胀到把路堵死了。

正在这时，一位圣人走到赫拉克利斯跟前，对他说："朋友，快别动它，忘了它，离开它远去吧！它叫仇恨袋，你不犯它，它变小如当初；你侵犯它，它就会膨胀起来，挡住你的路，与你敌对到底。”

这个故事很有哲理，如果心中念念不忘仇恨，仇恨就会逐渐地膨胀起来，占据人的内心；如果豁达一些，将心中的仇恨放下，仇恨自然就会消失，人就可以轻松地继续前行了。

豁达是斤斤计较、心胸狭窄的天敌，豁达是宽厚、是忍让、是理解、是尊敬、是爱心、是宽容。

2. 祸福相依，苦乐参半

祸福总是相伴而生，因此，幸福时要谨慎，不幸时要乐观。以坦然的心态去面对生活中的一切，该来的总会来，不该来的莫强求。

有这样一个佛家故事：很久以前，有一个年轻人，每天虔诚地向上天祈祷，请求赐予他最大的幸福。就这样日复一日，他的诚心终于感动了上天。

有一天夜里，他听到急促的敲门声，当他打开门时，发现门外站着一位美若天仙的女子。

女子说：“我是负责管理幸福的女神。”她的声音非常美妙，就像夜莺一样。

年轻人非常兴奋，立刻邀请她进屋里坐，可是，这位美丽的女子却微笑着对他说：“请等一等，我还有一个妹妹，她与我形影不离。”说完，她将自己身后站在暗处的妹妹拉到年轻人跟前。

年轻人看到她的面孔后，吓了一大跳，这位美丽的女子竟然有如此奇丑无比的妹妹，他简直不敢相信自己的眼睛。

他满脸疑惑地问道：“这位姑娘真是你的妹妹吗？”

女神严肃地回答：“她确实是我妹妹，是掌管不幸的女神。”

年轻人慌忙恳求道：“我只想让你进来，把她留在门外好吗？”

女神回答：“恕我无法接受你的要求，我不能进去，因为我和妹妹从来都是形影不离的。”

说完，女神与妹妹离去，年轻人目瞪口呆，若有所思。

3. 不要说自己一无所有

一个人快乐不快乐，关键在于他的心境，心态坦然的人往往能够在生活的点点滴滴中感受到生命所蕴含的气息。

人生在世，难得自在和悠闲，难得安心和舒坦，如果可以把日子看得平淡一些，就不会感到疲惫。只有这样，才会拥有一份好心情，才会放眼周围皆美景，吃什么都有味，干什么都有劲，快乐生活无极限。

有一天，一个腰缠万贯的富人与一个穷困潦倒的穷人讨论幸福的真正含义。

穷人说：“我认为我目前的状况就是幸福的。”

富人看着穷人满足的神情，又望了望穷人简陋的茅舍、破旧的衣着、桌上摆的粗茶淡饭，轻蔑地对穷人说：“这样的日子也叫幸福？你几乎是一无所有啊！你可能是穷糊涂了。真正的幸福应该像我这样，拥有千万豪宅、百名奴仆。”

穷人说：“你有你的幸福，我有我的幸福，我对我现在的生活很满足，所以我觉得很幸福。”

富人为穷人的自我满足感到可笑，他轻蔑地看了穷人一眼，傲慢地走开了。

不久之后，富人的住宅内发生了一场火灾，千万豪宅在一夜间化成灰烬，富人所有的家产烧个精光，奴仆们都各奔东西。可怜的富人一夜之间变得一无所有，他沦为乞丐，流浪街头，汗流浃背地在街头行乞。

有一天，富人口渴难耐，可是一上午都没有讨到一口水喝。他继续挨家挨户地乞讨，不料竟然又来到了穷人的住所旁。

富人见是穷人的住所，有一些儿尴尬，但是很快平静了下来，穷人看到曾经傲慢的富人，如今落到这种地步，摇了摇头，没有说什么，径直走进屋里，端出一大碗冰凉的水，递给富人，并对他说：“你现在认为什么是幸福？”

昔日的富人，现在的乞丐一口气喝完碗中的水，然后说：“此时我明白了你其实并不是一无所有，你很富有，你拥有幸福。而我已经很满足了，幸福就是现在。”

珍惜现在所拥有的一切，即使是简陋的茅舍、破旧的衣着、一杯凉水、一顿粗茶淡饭、一份收入并不丰厚的工作，都是属于你的幸福。

生活中，有些人为了追求高档的物质享受，不惜付出沉重的代价，却忘了知足，忘记了自己现在所拥有的一切。其实，只要懂得满足，幸福就在身边。

4. 平衡心中的天平

摆正心中的天平，找到一种平衡感，懂得欣赏自己，既可以摆脱焦躁与不安，也可以使自己的心灵得到解放，轻松地生活。

生活中，心态不正的人容易烦躁不安，而且不思进取，得过且过，做一天和尚撞一天钟。更有甚者，可能会走进不平衡的心理误区，铤而走险，最终引火烧身，步入危险境地。

有一位在银行工作的人，他想要提高自己的学历，于是，每天都在刻苦学习，看了好多参考书，做了好多相关类型的试题。他很自信，认为自己一定能够考上研究生，但是，考试的结果总是很令人失望，连年考试他都榜上无名。为此，他感到心里很不平衡，他的心情很烦躁。

他对古币颇有研究，在闲暇时间里，总有一部分朋友会拿来一些古币请他鉴别，他都会耐心地回答每一个问题，看到大家满意的笑容，他颇有成就感，慢慢地便从烦躁的心情中走出来。

后来，他萌发了一种想法，自己编写一本《中国历代钱币鉴别手册》。一方面可以将自己现有的关于钱币的知识系统化；另一方面可以给喜欢收集、鉴别钱币的朋友提供方便。这个想法大大地激发了他的兴致，于是，他利用业余时间，集中精力来撰写这本鉴别古币的书籍。

几个月之后，他终于完成了这本书的编写。不久，这本书就被一家出版社看中，首次印3万册，仅仅几个月的时间，就销售一空。

成功的喜悦使他的心里有了一种踏实感，他终于明白，有些东西不必太过奢求，学历的高低并不能决定一个人的心情快乐与否，真正的快乐不是来自高学历，而是来自内心的满足程度，以及对自己的认可。

肯德基炸鸡的创始人哈兰·桑德斯，曾经经营一家汽车加油站，但好景不长，受经济危机的影响，加油站倒闭了。经济危机过后，他又重新开了一家带有餐馆的汽车加油站。但是，一场无情的大火把餐馆烧了。

沉重的失败打击并没有使他一蹶不振，相反，他建立了一个比以前规模更大的餐馆，生意非常红火。但是好运总是和他背道而驰，因为附近另外一条新的交通要道建成通车，餐馆前的那条道路变得背街背巷，顾客也因而剧减，于是，他的餐馆不得不关门。

经过多次的失败，桑德斯最后决定放弃开餐馆的想法，把他保留的极为珍贵的专利——制作炸鸡的秘方卖掉。他传授给各家餐馆制作炸鸡的秘诀——调味酱，每售出一份炸鸡他将获得5美分的回报。

几年之后，出售这种炸鸡的餐馆遍布美国及加拿大，共计400家。到了1992年，肯德基炸鸡连锁店共计扩展到9000家。

桑德斯终于获得了成功，他的人生得到了充实。如果当初他意志消沉，或者不肯修正思路，经历数次失败后，难免意志消沉，怎么可能有今天的辉煌。

每个人都有自己的抱负，有时由于种种客观原因实现不了，于是终日愁苦，对自己的要求近乎苛刻。为了避免出现挫折感，就应该把目标定在自己能力范围之内，懂得欣赏自己的成就，心情就会舒畅，生活就会轻松自如。

5. 融入生活，远离孤独

不要把自己置身于孤独的境地，独自一个人在角落里偷偷哭泣。即使身处绝境，也要相信，活着就有希望，投入地活一次，才可以感受到生活的丰富与精彩。

物有盛衰，人有成败。不必为一时的情绪低落，而把整个世界看成灰色。积极一些，才是人生应有的态度。孤独原本是人类的自然本性，但是极度的孤独或长期的孤独，或者使自己与别人隔绝，就是一个失败的人，一个失败的人生。

有人曾经说过：“人之最根本的需要是克服分离，挣脱其孤独的牢狱。”

一位心理学家认为，真正的孤独往往产生于那些对外界没有任何情感和思想交流的人。事实上，不管你身处何地，只要你对周围的一切缺乏了解，与身外的世界无法沟通，你就不得不饮下孤独酿成的苦酒。

其实，无论处于何处，只要不脱离生活，热爱生活，包容生活，就能感受到活着的意义。

人的心灵似乎越来越脆弱。在熙熙攘攘的尘嚣世界里，好多人忙碌于名利和生计之中，没有足够的时间静下心来，好好地感受生活，与生活融为一体。因此，有的人虽然置身于川流不息的人流，却总感到很寂寞。

在繁闹的纽约市中心，有一对年轻的美国夫妇。他们曾经对这里充满了向往，可是居住了几年之后，渐渐地感觉到这里的生活就像一部运转的机器，虽然每天总是在忙忙碌碌地转着，却千篇一律地重复着。虽然他们经常能够观看到那些花样繁多的休闲娱乐项目，但也像麦当劳、肯德基等快餐一样，只能满足一时的胃口，过后很少会留下余香。

于是，夫妇二人决定离开这里的快节奏生活，去乡下放松一下。当他们开车到达一处幽静的丘陵地带，发现不远处有一个小木屋，木屋前坐着一个中年男人，那人一副悠然自得的神态。

年轻的丈夫走下车，问中年人：“你住在这样人烟稀少的地方，不感到孤单吗？”

中年人看了他一眼，微笑着说：“不！绝不孤独！我凝望远处的青山时，它总能给我一股力量；我凝望山中的峡谷时，每一片叶子都散发着生命的活力；我仰望着蓝天时，变幻的云彩勾起我无限的遐想；我听到潺潺的溪水声时，感到溪水在与我的心灵细诉悄悄话；狗把头靠在我的膝上，眼神中满是忠诚和信任；孩子们玩耍后跑回家，衣服很脏，头发蓬乱，却微笑着跑过来，亲吻我的额头；每当遇到困难或者伤心的事情时，温柔的太太总是把两只手放在我肩上，给了我好多鼓励。所以，上帝对我是仁慈的，我从来没有感觉到孤独。”

这绝对是一种最佳的回答。怀着从容与感恩的心态去品味生活中的一切，并和周遭的事物融为一体，轻松与幸福的感觉就在心中滋长，根本没有孤独生根发芽的机会。

一个人如果远离真实的生活，就会将自己与生活的基本接触完全隔开。其实，人们可以选择更多的方式去驱除内心的苦闷和阴影。当遭到厄运的袭击时，不要把自己关在小屋里，郁郁寡欢，出去走一走，看一看外面的精彩世界，或者将自己的不悦说出来，不但可以缓解心理压力，而且可以让自己的心情渐渐地开朗起来。

6. 乐观豁达，笑对生活

一个乐观的人，可以在万丈深渊前悬崖勒马，可以在阳光的普照下，接受希望的滋润。

有一位银行家，在50多岁的时候，他拥有高达数百万美元的财富，两年之后，因为一件偶然的事情，他又失去了所有的财富，而且背上了一大堆债务。

面临如此巨大的打击，他没有颓废，也没有悲观失望，而是决定东山再起。经过不断的努力，不久之后，他还清了所有债务，并且又积累了巨额的财富。

几次大起大落，他都能够坦然从容地面对，有些人羡慕他的成就与辉煌，许多人问他，第二笔财富是怎样积累起来的。他回答说："这很简单，因为我从来没有改变从父母身上继承下来的个性，这就是积极乐观。从早期谋生开始，我就认为，要充满希望地看待万事万物，不要在阴影的笼罩下生活。我总是有理由让自己相信，实际的情况比一般人设想的情况要好得多。"

就是怀着一颗乐观积极的心，这位银行家即使一贫如洗，依然拥有赚取巨额财富的雄心。

心态不能决定一个人的能力，但是，心态却影响一个人的能力。

两位刚刚跳槽的求职者来到一家大公司接受面试，主考官问了他们同样的问题："为何要辞掉上一份工作？"两个人的回答各有不同。

第一个求职者面色阴郁地诉苦："唉，那里糟透了。同事们尔虞我诈，钩心斗角，经理粗野蛮横，以势压人，整个公司死气沉沉，在那里工作，使人感到十分压抑，所以我想换个理想的地方。"

主考官委婉地说："我们这里恐怕不是你理想的乐土，请另谋高就吧。"于是，这个年轻人只好满面愁容地走了出去。

第二个求职者一脸平静地回答说："以前工作的地方挺好，同事们待人热情，乐于互助，经理们平易近人，关心下属，整个公司气氛融洽，十分愉快。如果不是想向自己的专业发展，我还真不舍得离开那里呢！"

主考官笑吟吟地同他握手，说："你被录取了。"

敞开心扉感受阳光的温暖

打造快乐心情，“人间一欢呼，胜似天堂路”。如果每个人每天都能获得一个好心情，这个世界的烦恼就会无影无踪，人类也就能像生活在天堂里那样开心。可实际上，上天不会让人们过得很安宁。所以，只要是活在这个世界上的人，都会有这样或那样的不如意，而正是这些影响着人们的情绪，烦恼也随之而来。要让自己轻松快乐起来，就要梳理自己的情绪，做心情的主人。

让快乐和微笑伴随着你

1. 做自己情绪的设计师

一位哲人曾说："生活像一面镜子，你对它哭，它就哭，你对它笑，它就笑。"人生在世，犹如匆匆过客，难得的是那份自在和悠闲，难得的是那份随心和舒坦。

在瞬息万变的社会里，人们所面对的各种压力越来越大，有时，出现浮躁心理是很正常的，但是如果做任何事情都心浮气躁，随波逐流、盲目行动或者急功近利，就是一种对自己不负责任的表现。浮躁或忧虑的人往往不思进取，而且多半不能适应现实世界，因此，有时会表现出一种避世的心态。有的人对现状不满时，就会退缩到自己的梦想世界里，以此获得一种解脱；有的人性情急躁，耐不住等待，往往急于成事，却不知有时欲速则不达。如果心浮气躁，急于求成，只能以失败收场。

古时候，有一个种田人，每天守着自己的禾苗，希望自己的禾苗能够快快地长高。有一天他终于想出一个“好办法”。他到田里把禾苗一棵一棵地拔起来，看着禾苗一下子长这么高，他浮躁的心情一下子明朗了起来。可是，他这种急于求成的心理却直接导致了禾苗的死亡，这就是揠苗助长的故事。

事情往往就是这样，越着急就越难于成功。过分着急会使人失去理智，结果在奋斗过程中，浮躁占据了人的大脑，使人不能正确地按照已经制定好的方针、策略做事而导致失败。因此，唯有克制住浮躁的情绪，才能够正确地认识自己，一步一个脚印地去做自己该做的事情。把浮躁变成一种对成功的渴望，踏踏实实地工作，情绪也会随之变得越来越好。

2. 兴趣是最好的动力

松下电器创始人松下幸之助很小的时候就开始了他的打工生涯。13岁时在一家名为五代的自行车店当学徒，要强的松下非常喜欢这份工作，对此也付出了自己全部热情，他一直想独立卖出一辆自行车，可是，由于当时年龄太小，自行车又是高价商品，所以松下一直没有自己销售过一辆自行车，顶多是跟着伙计去送货。

有一天，一位客户的伙计打来电话想看看自行车，让人给送过去。可是，店里的伙计都被老板派出去了，唯一留在店里的就是松下，于是，老板对他说：“对方很急，你先给他送一辆过去吧！”松下一听心里乐开了花，认为表现自己的机会来了，他精神百倍地把自行车送到客户那里。虽然没有独自营销的经验，但是他满怀热忱地对待着这次机会。

因为当时的松下只有13岁，人家根本没有把他当作销售人员看待，只认为他是个孩子。所以买方的老板看他拼命说明的模样，笑着对他说：“你是个好孩子，你的工作也很出色，所以我决定买下来，不过条件是要打九折。”

由于太过兴奋，松下没拒绝并表示要回去征求老板的意见。说完转身就跑回店里，并将对方的意见转达给了老板。

老板却说：“打九折不行，九五折好了。”

松下为了能完成自己的这笔交易，很不愿意再跑一次去说九五折。他对老板说：“请不要说九五折！就以九折卖给他吧。”说着眼泪就夺眶而出。

老板对此感到很意外，不知道松下是怎么回事。

一会儿，对方的伙计到店里询问情况。

老板说：“这个孩子非要我给你们打九折，说着说着就哭了起来。”

伙计听后，被松下的这种精神感动了，立刻回去告诉他的老板。

那位老板说：“看在这个小学徒的分儿上就按他们的意思买下吧！他是一个十分可爱又相当敬业的好孩子。”

就这样，生意终于成交了。松下在老板心目中的形象也有了进一步的提升。

人生中最快乐的事情莫过于做自己想做的事，换句话说，就是依照自己的兴趣爱好行事。你对一件工作拥有浓厚的兴趣，就肯定能将此事做得很好。这样一来，不但获得了表现自己的机会，还能获得他人的赞赏。

3. 微笑是好情绪的开始

一个没有笑的世界就如同人间地狱一样。

人是有感情的，笑是人的本能。真诚的微笑可以缩短人与人之间的距离，也可以影响自己和他人的情绪。如果一个人走在大街上，迎面来一个陌生人向他微笑。那么，他可能会像有东西牵引着一样，情绪高涨，会热切地希望与这个人接近。如果看到的是一张阴沉的脸，那么，即使本来有高涨的情绪，也会逐渐低落下来。

微笑就是有如此大的魅力，它不仅可以影响自己，也能感染他人，它可以消除人与人之间的隔阂、误会。所以说，微笑是好情绪的开始。

阿超与阿月是很要好的同事。一天，阿超对阿月说："咱们公司的小赵是不是对我有什么意见啊？"

阿月安慰阿超说："怎么可能？大概是你想得太多了，你们俩又没有什么利害冲突，甚至平时连话都很少说，他能对你有什么意见啊？”固执的阿超仍然觉得自己的看法是正确的，因为她每次见到小赵时，总感觉小赵对自己很冷淡，可是对其他人则十分热情。阿月见阿超如此固执，没有再继续劝导下去。

第二天早上，当阿超上班时，刚好在走廊上遇到了小赵，出乎她意料的是，小赵对她亲切地微笑。阿超还没有反应过来，小赵就从她身边走过去了。

从那以后，阿超和小赵的关系有了很大的改变，阿超不再认为小赵对她有意见了，二人反而成了无话不谈的好朋友。

一天，阿超在一家小餐馆遇到了阿月，于是，二人坐下聊了起来。阿超说：“其实，我以前误会小赵了，他这个人还是挺好的。”

阿月听了以后，不由得笑了。实际上，阿月曾经对小赵说过阿超对他的看法，而且总在小赵面前说阿超是个很不错的人，由此增进了二人之间的感情。

微笑是天底下最美丽的语言，让人与人之间不再有隔阂，让人们拥有良好的情绪。

当你跟朋友吵了一架之后，忽然有一天见面时，你给她送去真诚的一笑，之前的愁云自然烟消云散。对方再还你一个友善的微笑，双方一定都感到心情舒畅，然后就会和好如初。倘若双方见面时，你摆着一副“苦瓜脸”，矛盾不但不能化解，反而还有激化的可能。对方会认为你心胸狭窄，不懂礼貌。

好情绪来自笑容，健康来自笑容，修养来自笑容，交际来自笑容。由此看来，微笑便成了生活中不可或缺的表情，是良好情绪的开始，更能为生活增添好多色彩。

微笑是两个人之间最短的距离。生活中离不开笑，与人交往时，不妨加点微笑，那是联络双方感情最有力的工具，只要你笑得真诚、和善，就能叩开他人的心扉，感受到真情与快乐。

微笑是天底下最美丽的语言，同时也是人与人之间沟通的润滑剂。微笑是取得成功的秘密武器。有些时候，你可能会遇到一些尴尬的场面，此时的微笑可以帮助你摆脱尴尬，却又不损形象；你也可能会遇到一些难以解决的矛盾，此时的微笑却可以令双方的矛盾得以调和。所以，在处世过程中，千万不要小看微笑这一简单的细节。

4. 散发爱的光芒，延续快乐

保罗是一位著名的外科医生，经他救治的病患不计其数。可是，就是因为他那强烈的救死扶伤精神，使他耽误了自己的病情，被残忍的喉癌紧紧地纠缠。

保罗每天都忙着治病救人，尽管他常常感到喉部疼痛，但却没有时间为自己做一次详细的检查。每当喉咙疼痛的时候，他总是草草地吃一些止痛药，直到有一天，他感到喉咙撕裂似的疼痛，这才不得不去检查，结果却令他大吃一惊，他患了喉癌。

残酷的现实给这位救死扶伤的好医生带来了沉重的打击，他问自己："难道就这样结束自己的生命吗？"很长一段时间，保罗一直沉浸在痛苦之中。

日子一天天过去了，保罗始终躺在病床上休养，他告诉自己："我不能就这样从世界上消逝，还有很多病人在等着我，我多活一天，就要使更多的人摆脱痛苦的折磨。哪怕还有一天时间，我也要活得有意义。"

保罗走下病床，又回到了他的办公桌前，继续为人们治病。他变得更加宽容、随和，能够平静地看待眼前所拥有的一切。

在为他人治病的同时，他没有放弃与病魔做斗争。就这样，在忙碌中，他平安地度过了好几年。

他的同事对此感到非常惊讶，不明白是什么力量在支撑着他。保罗的回答更是让人们吃惊，他说："是爱！我每天早晨醒来，第一件事就是想如何给人间多留一点爱，希望我的爱和我的乐观精神能让更多的患者早日康复。"正是保罗的这种爱，让病房充满灿烂的阳光，也是这种爱激发了他高涨的情绪，延长了他的寿命。

5. 温暖是自己给的

忧虑情绪是一种沉重的精神压力，它让人无法正常工作、生活，严重者会影响人的健康甚至生命。生命短暂，何必要与自己过不去，何必总是让忧虑的情绪占据大脑，为何不让阳光照进自己的心房呢?

地球上一切美丽的东西都来源于太阳，而一切对美好事物的感悟都来源于人的内心，只要有阳光，就能在生活中体味到快乐的滋味。

收藏夏季最美丽的东西，等到严寒的冬季来临借此来温暖我们的心房，这是一个多么简单却又实在的道理啊！让生活充满阳光、让自己心情开朗的最简单的方法就是，打开自己郁闷的心房，让阳光照射进去。这样内心世界才会宽敞明亮，人们才能控制住忧虑的情绪，永远保持充沛的活力和乐观的心情，过着幸福和快乐的生活。

当心中一片冰冷的时候，是不是需要一些温暖？当心情不好的时候，是不是需要一些快乐？可是阳光不是每天都有，快乐并非时时存在，怎么办？其实很容易，只要去寻找，就会发现，温暖是自己给的。

在田野中，居住着各种小动物，兔子、青蛙、田鼠等。有一只小田鼠，人家都叫它乐乐，因为它每天看起来都是乐呵呵的，过得很开心的样子。可是谁都知道，田鼠的日子并不是很好过，不但有很多天敌在一边虎视眈眈，而且有时候连吃的东西都找不到，尤其是到了冬天，日子就更加难过了。

这一年的春天刚到来，田野里的动物们就看见小田鼠乐乐在快活地跑来跑去，忙得不亦乐乎。动物们觉得很奇怪，就问乐乐：“这才是春天，我们刚刚出来活动，你在忙什么呀？”

乐乐一边忙碌，一边回答说：“我在收集色彩。”

动物们感到很奇怪，只听说过要收集粮食，没有听说过还可以收集色彩，大家都被乐乐逗乐了。

转眼间，夏天到来了，田野里的小动物都在河边纳凉，只有乐乐还不时地在火热的阳光下来回奔跑，动物们看乐乐很辛苦，就劝它休息一会，乐乐摇摇头说道：“我要趁着太阳好的时候，多收集一些阳光。”

动物们再次哈哈大笑起来，觉得乐乐真是有意思极了，老爱讲一些笑话。

转眼间，秋天到来了，乐乐和动物们一起收集了一些粮食，同时在动物们的嬉笑声中，乐乐还收集了语言。

冬天来了，田野里堆满了厚厚的积雪，天气也变得异常寒冷。动物们接到了乐乐的请柬，邀请它们去家里做客。

等到所有的动物走进乐乐家的时候，都用怀疑的眼光打量着四周，这哪里是一个冬天里寒冷的家啊，分明就是一个童话里的世界！满屋子五彩缤纷的颜色，红花绿叶青草，仿佛就是在春天，而且屋子里到处都是阳光，暖洋洋的。

所有的动物大眼瞪着小眼，不知道说什么好，突然小兔子想起了什么，问道：“我们已经看见了你收藏的阳光和色彩了，那么语言呢？”

乐乐微微一笑，开始讲述起一个个开心的故事和笑话，听完乐乐的讲述，所有的动物都乐不可支。

动物们羡慕极了，问乐乐是怎么做到的，乐乐平静地说：“这没有什么，我只是给了自己温暖和欢乐。”于是，在整个冬天，在田鼠乐乐的家里，充满了温暖的阳光，还有五彩的颜色和快乐的笑声。

6. 驾驭情绪，控制怒气

柏拉图说：“最大和最初的成功，是征服自己。最可耻和罪过的，莫过于被自己打败。”如果一个人管不住自己的情绪，就有可能铸成大错，若想让自己活得不累，就要去做管理自己情绪的大师。

很多人有动辄发怒的习惯，尽管好多人都知道这样做很不好，但是当遇到某些令人生气的事时，就是无法控制自己的情绪。许多人在发泄过后说：“是的，我也明知自己不该发怒，但就是控制不住自己。”但这种说法明显是在为自己找借口，如此看来，要想让自己成功，就要善于驾驭自己的情绪。

楚汉争霸刘邦与项羽在战场上激烈争夺，就在此时，韩信攻占齐地后派人给刘邦送信，要求封他为假齐王。刘邦见信后勃然大怒说："我被困在这里天天盼他来帮助，他却想自立为王。"正在这时，张良用手拉了拉刘邦的袖子，悄声对他说："现在战场形势于我不利，怎么能阻止韩信称王呢？不如答应他的要求，立他为王以稳住其心，否则他会倒戈叛乱的。"刘邦这才恍然大悟，忙改口对使者说："大丈夫平定诸侯，就当个真王，哪能当假王呢？"这一步棋稳住了韩信，使韩信尽心竭力地为刘邦效命，为汉朝的统一立下了汗马功劳。

三国时期，关云长失守荆州，败走麦城被杀！此事激怒刘备，遂起兵攻打东吴，众臣苦谏，因为这么做实在是因小失大。正如赵云所说："国贼是曹操，非孙权也。且先灭魏，则吴自服，操身虽毙，子丕篡盗，当因众心，早图关中，以讨逆流……不应置魏，先与吴战。兵势一交，不得卒解也。"诸葛亮也上表谏曰："臣亮等切以吴贼逞奸诡之计，致荆州有覆亡之祸；陨将星于斗牛，折天柱于楚地，此情哀痛，诚不可忘。但念迁汉鼎者，罪由曹操；移刘祚者，过非孙权。窃谓魏贼若除，则吴自宾服。愿陛下纳秦实金石之言，以养士卒之力，别作良图。则社稷幸甚！天下幸甚！"可是刘备看完后，把表掷于地上，说："朕意已决，无得再议。"执意起大军东征，最终兵败。

从这两件事情中可以看出，在关键时刻，如果让怒火左右情绪，就可能会为此付出沉重的代价，而控制自己的情绪，则是成功人生的保障。

7. 人要自救，不要自灭

在美国NBA联赛的夏洛特黄蜂队中有一位身高仅1.60米的运动员，他就是博格斯——NBA最矮的球星。博格斯这么矮，怎么能在巨人如林的篮球场上竞技，并且跻身大名鼎鼎的NBA球星之列？这主要因为博格斯有攻克一切困难的乐观心态。

博格斯从小就喜爱篮球，可因长得矮小，伙伴们都瞧不起他。有一天，他很伤心地问妈妈，“妈妈，我还能长高吗？”妈妈鼓励他说：“孩子，你能长高，而且能长得很高很高，会成为人人都知道的大球星。”从此，博格斯就一直梦想着能够长高。

“业余球星”的生活即将结束了，虽然，个子还是那么矮，但蒂尼·博格斯横下了一条心，要靠1.60米的身高闯天下。别人说他矮，反而成了他的动力，博格斯偏要证明矮个子也能做成大事。

在威克·福莱斯特大学和华盛顿子弹队的赛场上，人们看到蒂尼·博格斯的能力，从下方来的球百分之九十都被他抢走，他就凭借自己个矮的优势飞速地运球过人……

后来，蒂尼·博格斯进入了当时名列NBA第三的夏洛特黄蜂队，在黄蜂队一份关于他的技术分析表上写着：投篮命中率

50%，罚球命中率90%……一份杂志专门为他撰文说：“夏洛特黄蜂队的成功在于蒂尼·博格斯的矮”，说他个人技术好，发挥了矮个子重心低的特长，成为一名使对手害怕的断球能手。许多广告商也推出了“矮球星”的照片，上面是蒂尼·博格斯纯朴的微笑。

蒂尼·博格斯成功了，他多次被评为最佳球员，至今他还记得当年妈妈鼓励的话，虽然他没有长得很高，但他已经成为人人都知道的大明星了。

敞亮心扉，驱除阴霾

1. 还自己一个好情绪

从前有一个渔夫，是打鱼的能手。可是，他却有一个坏习惯，每次打鱼前都要立下一个誓言。

有一年春天，渔夫听说市面上的墨鱼价格非常高，于是他发誓：这次出海只捕捞墨鱼，这样就可以好好地赚上一笔。

可是，凡事不会尽如人意，他这次捞的全部是螃蟹，没有打到一条墨鱼，渔夫只好空手而归。

等他上岸后，才知道市面上螃蟹的价格比墨鱼还要高，他的情绪糟透了，为自己放弃螃蟹的愚蠢行为而自责，可是他没有改掉自己的坏习惯，又发誓下次出海一定打螃蟹。

第二次出海，他按照自己的誓言做了，把注意力全放在螃蟹上，可不幸的渔夫这一次遇到的全是墨鱼，没见一只螃蟹。

他又空手回来了。

上岸后，他发现市面上墨鱼的价钱又超过了螃蟹。渔夫的情绪更加低落，将自己的头狠狠往墙上撞。可是他还是没有领悟到是什么让自己每次空手而归，仍然发誓下次出海螃蟹和墨鱼一起打。

第三次出海后，渔夫依然严格地遵守自己的诺言，不幸的是，他一只螃蟹和墨鱼都没有见到，打到的全部是马鲛鱼，结果与前两次一样，再度空手而归，上岸后，他通过朋友打听到马鲛鱼也非常值钱。

从此，渔夫一蹶不振，再也不出海打鱼了。而且逢人就说："如果我没有放弃螃蟹、墨鱼和马鲛鱼，我现在一定成为了富翁，为此我后悔不已。"

2. 用孩子的眼光看世界

一位用心良苦的富翁，为了让儿子体会到贫穷生活的艰辛，带着他去农村体验生活。

他们到了一个偏远的小山村，父亲找了一家最穷的人家，在那里待了3天。

回到家以后，父亲对儿子说："怎么样，这次旅行还愉快吗？"儿子兴奋地回答说："非常棒。"父亲兴趣盎然地让儿子谈谈自己的想法。

儿子开心地说：“他们家要比咱们家富有得多。你看，咱家只有一只小狗，而我却发现他们家养着一只大狗两只小狗；咱家仅有一个小游泳池，可他们家却有一个很大的水库；咱们家的花园里只有一小片的花草，可他们房子后面却有漫山遍野的花；咱们家什么蔬菜也没有，而他们家却种满瓜果蔬菜！”

听完儿子的感想后，父亲无话可说。

儿子摇着父亲的手又说道：“爸爸，我现在才知道原来咱们家是那么贫穷。”

孩子的世界里没有黑暗，到处都是明媚的阳光，他们不懂得世间的疾苦，也缺少了大人们那份多愁善感，他们眼中的世界一片和平美好，四处散发着美丽的光芒。因此，孩子的幸福快乐要比大人多几倍，甚至几十倍。

为了寻找幸福美满的生活，我们需要效仿孩子，用那颗单纯的心去看待世间发生的每一件事。如果可以做到这一点，哪里还会有那么多的不如意？如果可以做到这一点，生活中一个微小的惊喜都可以让你被快乐围绕。

因此，没有找到快乐的人们，赶快行动起来，用孩子的眼光去看待世界吧，这样，你的世界就会充满阳光。

3. 别让谩骂伤了你

曾经有两个陌生人因为一次旅行而相遇。其中一个是商人，另一个是知识分子。知识分子始终不喜欢商人，认为凡是商人都是奸诈狡猾之人，因此两人便产生了矛盾。每当商人与知识分子在一起向前赶路时，知识分子都要用恶毒的语言去谩骂商人，企图激怒商人。可是，他这招用在商人身上却没有起一点作用，商人不但不生气，反而像没事人一样。这一天，他们两人来到了一个三岔路口，因为要去的地方不同，他们只能分道扬镳各走各的。就在分手的前一刻，商人温文有礼地对知识分子说："我请教你一个问题可以吗？"知识分子点了点头。

商人继续说道："如果有人送你一份礼物，你拒绝接受，那么这份礼物最终的所有权应该属于谁呢？"

知识分子回答道："这样的问题还用问，我看你的脑子简直是被金钱堵塞了，还是尽早地用知识通通吧！对方不收，当然还是属于送礼者了。"

商人仰天大笑道："一点都没错。如果我不接受你的谩骂，那么，你不就是在骂自己吗？"

知识分子听到商人这么一说，羞得满脸通红，那张能说会道的嘴也不再灵活，张了半天嘴也没说出一个字，惭愧之下只能逃走。

许多时候，人在面对无力的谩骂时都沉不住气，或是反唇相讥或是拳脚相向，最后闹得两败俱伤。仔细想想这样做又有什么意义呢？与其与对方计较这些，还不如放松心情，视那些无聊的流言蜚语为一种可供你消遣欣赏的音乐和风景。

4. 天下本无事，庸人自扰之

快乐的最大敌人就是消极的情绪。庸人自扰常常妨碍人们形成进取之心。如果一个人被自己的情绪所左右，遇到困难时，往往会挑选容易的倒退之路；做事时就会畏首畏尾、犹豫不决、举棋不定，只会做一个疲惫的平庸之徒。

人生在世，不如意、不顺利的事情时有发生，面对好多事情不可随意而为，如果能把浮躁的情绪稍稍收敛，使它变成一种渴望，一种对成功的渴望，就会在做事时把这种渴望转化成为一种动力，从而取得成功。

据说，有一个酒鬼疑心自己在一次醉酒时把一个酒瓶盖吞了下去。为此，他整天忧虑不已，最后到医院要求医生开刀取出来。医生拿他没办法，只好给他开刀，然后拿出一个预先准备好的瓶盖骗他，不料他说他吞下的酒瓶盖不是这个牌子的，医生只好再开刀骗他一次。

如果一个人不相信自己，那还有谁值得去相信，总是怨天尤人，只会徒增无谓的烦恼。

“杞人忧天”这个成语广为人知，“杯弓蛇影”的故事也颇为可笑。因为一些小事而整日忧虑，只能徒增烦恼，折磨自己，不但不能解决任何问题，反而会让自己的生活状态变得更糟。

5

Chapter 5

人生路上要保持自然心态

别为生活所累。马克·吐温曾经说过：“谁没有蘸着眼泪吃过包子，谁就不懂得什么叫生活！”的确，生活是美好而沉重的。苦乐忧欢、得意失意、坦途坎坷、成败荣辱……对谁都一样。如果要在繁杂纷呈、千姿百态的生活中寻找像夏日喝冰爽啤酒、听轻松音乐那样惬意的心情，就要调节自己的心态，让良好的心态带你走进快乐的生活。

用良好的心态看世界

1. 心态好，活得好

在一辆拥挤的公交车上，过道上站满了人。一对恋人面对面站着，从背面来看，女孩标致、高挑、匀称、活力四射，她的头发是染过的，是最时髦的金黄色。她穿着一条那个夏天最流行的吊带裙，露出香肩，是一个典型的都市女孩，时尚、前卫、性感。他们靠得很近，低声絮语着什么，这位高个子女孩不时发出欢快笑声。

他们大概聊到了电影《泰坦尼克号》，因为那女孩轻轻地哼起了那首主题歌。女孩的嗓音很美，把那首缠绵悱恻的歌处理得很到位，虽然只是随便哼哼，却有一番特别动人的力量。她的声音吸引了好多人的注意，可是当人们看到女孩的脸时，都惊讶得面面相觑。

原来，这个女孩的脸并不像人们想象的那样白皙美丽，那是一张触目惊心的脸——严重烧伤。人们在惊讶过后，开始窃窃私语，有的人很羡慕她的好心态，有的人很同情她的遭遇，还有些人对她很鄙视：这样的人居然能在众目睽睽之下肆无忌惮地欢歌笑语，真是想不明白！

女孩应该也能听见这些嘈杂的议论，但是她不为所动，依然旁若无人地哼着歌，然后高兴地下车，消失在人群里……

很多人听了这个故事后，都会有很大的感触，甚至会感慨："上帝是公平的，他给了女孩霉运的同时，也给了她一个好心态！"

在一个风调雨顺的年度，有两个农民都有不错的收成。但是，两个人的心情可是不一样的，其中一个兴高采烈，想如果再有几个这样的丰收年，自己岂不是也能成为富人；而另一个却不是这样想的，他觉得自己年复一年地耕作，尽管是这样的好年景还是没有多收多少，照这样的收成，自己什么时候才能成为一个富人呢？

这样，前者为了成为一个富人而愉快地、积极地劳动，活得开心快乐。而后者，却整日认为自己离富人太远而悲观、失望，活得痛苦不堪。

有这样一个故事：在海边上的一个小渔村，有一个美国人在渔村的码头上，看着一个日本渔夫驾着一艘小船靠岸。小船上有好几尾大黄鲑鲔鱼，这个美国人对日本渔夫抓这么高档的鱼恭维了一番，问他要多少时间才能抓这么多。

日本渔夫说：“才一会儿工夫就抓到了。”美国人再问：“你为什么不待久一点，好多抓一些鱼呢？”日本渔夫觉得不以为然，“这些鱼已经足够我一家人一天生活所需啦。”美国人又问：“那么你一天剩下那么多时间都在干什么呢？”

日本渔夫解释：“我呀？我每天睡到自然醒，出海抓几条鱼，回来后跟孩子们玩一玩，黄昏时候到村子里喝点小酒，跟哥们儿玩玩吉他，我的日子可过得充实而又忙碌呢！”

美国人不以为然，帮他出主意，他说：“我是美国哈佛大学企业管理硕士，我倒是可以帮你忙！你应该每天多花一些时间去抓鱼，然后把它们拿到集市上去卖掉，到时候你就有钱去买条大一点的船。然后，你自然就可以抓更多的鱼，再买更多的渔船，到最后你就可以拥有一个渔船队。到时候你就不必把鱼卖给鱼贩子，而是直接卖给加工厂，或者你可以自己开一家罐头工厂。如此你就可以控制整个生产、加工处理和行销。然后你可以离开这个小渔村，搬到大阪城，再搬到横滨，最后到东京，在那里经营你不断扩充的企业。”

日本渔夫问：“这要花多少时间呢？”

美国人回答：“15—20年。”

日本渔夫问："然后呢？"

美国人大笑着说："然后你就可以在家当皇帝啦！时机一到，你就可以宣布股票上市，把你的公司股份卖给投资大众。到时候你就发啦！你可以几亿几亿地赚！"

日本渔夫问："然后呢？"

美国人说："到那个时候你就可以退休啦！你可以搬到海边的小渔村去住。每天睡到自然醒，出海随便抓几条鱼，跟孩子们玩一玩，黄昏时，晃到村子里喝点小酒，跟哥儿们玩玩吉他。"

日本渔夫说："我现在不就是过这样的日子吗？"

2. 快乐藏在细微之处

一位95岁高龄的老人，他一生坎坷，但却活得轻松快乐。原因何在呢？

这位老人早年毕业于名牌大学，后自己组建学校，10年后被调离他辛苦创立的学校，到一所中专院校任教，而后又因多种原因辗转几所中学任教，最终因教学机制变更，他不得已转行到学校的制药厂工作。一干就是20年，超过规定离休年限13年。其间，他工资待遇没有任何提升，教授职称也与他无缘。

但这位老人从未对这样的不公平提出异议，一切随缘。他认为名利地位皆属身外之物，得而不喜、失而不忧。对生活，他只本着一个态度，就是不为琐事烦恼，保持良好的情绪，让自己轻松快乐就好。

这位老人日常行事不急不慢、不躁不乱、不慌不忙、井然有序。他对外界环境的变化总是不愠不怒，不狂喜、不沮丧，不自暴自弃。他懂得知足常乐，经历过挫折坎坷的他，能够从细微处找出轻松快乐。

他曾不无感慨地说："我这辈子能住上楼房就知足了。"他很满足于整日里养花、养鸟、种菜的生活，认为这些就是一生的乐趣。

老人的休闲运动是放风筝，他自己做各式各样的风筝。每到春季，他便和他的老友聚在一起将这些五颜六色的风筝放飞。老人说，在风筝飞上天空的瞬间，他就会觉得一切有害的心理因素全部被排除了，内心除了希望和喜悦就再也没有什么了。

这位老人的伴侣也已87岁了，在他的带动下，老伴也非常热爱生活，与人为善，加上健康合理的运动、饮食，所以身心非常健康。子孙三代对两位老人孝顺备至，老人也非常关心子孙，为了不给子女带来负担，倍加珍惜自己的身体，积极地做好自我养生。

家庭和睦，身体健康，热爱生活，老人所得到的这一切虽然是最普通的，但是能够从细微之处感受生活的他，认为已经达到身心轻松、快乐生活的最高境界。

3. 心存善良，容忍欺骗

一位著名的高尔夫球手在一次拿了大奖后，许多记者纷纷询问他胜利的感言，但是他无意接受采访，便匆匆地走出记者们的“包围”，准备开车回家。可就在这时，一位年轻的女子向他走来并向他表示祝贺，他微笑着道谢准备离开，突然这位女子一下抓住他的衣衫，跪在他的脚前，满含热泪地对他说自己可怜的孩子得了心脏病，但是自己没有钱给孩子治病，如果再筹集不到手术费，孩子就会死掉……女子哭得极其可怜，深深地打动了这位善良的球星。

他毫不犹豫地将刚刚拿到的百万元（人民币）支票签名后塞给女子，并且深情地说：“这100万是我刚刚拿到的奖金。快拿去给孩子治病，希望可怜的孩子早日康复！”

几天后，这位高尔夫球手和职业高尔夫球联合会的管理人员在俱乐部用餐时，他顺便说起了这可怜的孩子。管理人员听后哈哈大笑，问他：“你真的给了她100万？”“是的，我做得不对吗？”球手奇怪地问。“当然大错特错了，那人是个骗子，你被骗了，前几天停车场的服务生告诉我，那女子经常在车站做这样的事情，并且她根本没有结婚，更没有孩子，我的朋友，你怎么那么傻呢？”“哦？你是说根本就没有一个小孩子病得快死了？”球手急迫地问道，“谢天谢地，这真是太好了！”

球手没有因为被骗走100万而悲伤，而是高兴没有这样可怜的孩子，就是因为他的善良使他拥有一个良好的心态。

4. 拿得起放得下，快乐常伴

廖英是个十分幸运的小伙子。一天，他在无聊之际用4元钱买了两张彩票，他根本没有把它当回事，谁知却中了个大奖，这下可把他乐坏了。

领到奖金后，他顺便就买了一辆车，闲下来的时候就开着车出去兜风，过得比较潇洒。

可好景不长，不幸的事情不久在他身上发生了。一天下午，他按照往常的做法，下班后把车子停在了自家楼下，快乐地吹着口哨上楼了，可是当他第二天准备开车上班时，却发现车子被盗了。

他的几个好哥儿们知道以后，都为他伤心，知道他一向爱车如命，所以相约前去安慰他。同学们刚一敲开门，便听到廖英家那震耳欲聋的音响声，大家以为他因丢车伤心而出了什么毛病，闯进他家的门就说：“廖英，车子丢了就丢了，以后还可以再买，你可千万别想不开啊！急出什么病来，可是得不偿失啊！”

廖英听哥们儿这么一说，扑哧笑了出来说：“你们以为我为了辆车急出了神经病吗？”朋友疑惑地望着他。

他继续说：“放心啦，我是闲着无聊，所以就消遣一下啦。你们会不会因为不小心丢了4元钱，而急出病来呢？”

一群哥们儿听到他这么说都开心地一起唱了起来。

豁达的人不会受苦闷摆布，相反他们可以摆布苦闷，他们的办法就是用乐观的心态去面对一切令自己不开心的事情。所以，他们的内心世界从来不会有黑暗的角落，而在别人眼里他们也永远是逍遥、乐观派。

5. 摆脱财富的束缚，活得轻松

一位日本老先生，他继承了一幅祖传的名画。他父亲去世时，告诉他这是一幅很珍贵的名画，价值连城，一定要妥善保存。于是，从那天起，他便从来没睡过一宿安稳觉，生怕画被偷走。就这样提心吊胆地过了几十年后，他终于熬不住了，决心要给这幅画做个鉴定，看他到底值多少钱。

于是，他上了一档电视节目，要请专家为他的画做一次鉴定。鉴定结果很快揭晓，专家很遗憾地告诉他，这是赝品，恐怕不值什么钱。节目主持人害怕这位老先生承受不住这样的打击，赶忙安慰他，问老先生：“你一定很难过吧？”

没想到老先生平静地说：“这样也好，我不用再担心有人来偷它了，我也可以踏实地睡觉了。”

摆脱了财富的束缚，才可以安心地睡觉。

有这样一个故事：美国人富勒，一直为积累大量的财富而奋斗着。刚到而立之年的他，便赚了百万美元，但是他不满现状，想让自己变成千万、亿万富翁，而且他也有这个本事。他拥有一幢豪宅，一间湖上木屋，2000英亩地产，以及快艇和豪华汽车。

他工作得很辛苦，常感到胸痛，而且他也渐渐地疏远了妻子和两个孩子。他的财富在不断增加，他的身体和家庭却岌岌可危。

终于有一天，富勒心脏病突发，而他的妻子在这之前刚刚宣布要离开他。他如梦初醒，意识到如果自己只拥有财富，人生还有什么意义呢？于是，他打电话给妻子，要求见一面。当他们见面时，他热泪滚滚，恳求妻子原谅他，并且决定消除破坏他们生活的东西——他的物质财富。

于是，他们卖掉了所有的东西，包括公司、房子、游艇，然后把所得收入捐给了教堂、学校和慈善机构。他的朋友认为他疯了，但富勒从没感到比这更清醒过。

接下来，富勒和妻子开始投身于一桩伟大的事业——为美国和世界其他地方的贫民修建“人类家园”。他们的想法非常单纯：“每个在晚上困乏的人至少应该有一个简单而体面，并且能支付得起的休息地方。”

迄今为止，“人类家园”已在全世界建造了6万多处房子，解决了约30万人的住房问题。富勒曾为财富所困，几乎成为财富的奴隶，差点被财富夺走了妻子和健康。而现在，他是财富的主人，他和妻子放弃了财产，为人类的幸福工作。从此，他拥有了自信乐观的生活，并觉得自己是世界上最富有的人。

6. 欲望向左，快乐向右

人生的一切欲望，归纳起来有两种：精神欲望和物质欲望。为了满足这两种欲望，相应地就产生了两大追求：精神追求和物质追求。

庸人、小人常会把物质欲望当作人生的全部，所以没有多少精神追求。君子、贤人的精神欲望特别强烈，但是也不能没有物质欲望，所以他们得承受着两种欲望，从而比庸人、小人多承受一份根本的人生痛苦，只是他们最终能以精神欲望为主导，达到一种具有伟大包容力的心理和谐。这种有伟大包容力的心理和谐，就是安贫乐道。

古希腊的一位美丽公主，特别宠爱一只波斯猫。有一天，公主不小心丢了这只猫，于是国王命画师画了数千张波斯猫的画像，然后贴在全国各地，而且张贴出告示：谁要将猫送回赏金币10枚。

告示贴出去以后，送猫者络绎不绝，可是，送来的这些猫都不是公主丢失的那只。公主想：大概是捡到猫的人嫌钱少，所以迟迟未见自己的那只。于是，她将这个想法告诉了国王，国王又把赏银提高到50枚金币。

其实，公主的猫是被一个乞丐捡走了。当他正准备抱着猫去换金币时，却发现原先的50枚金币已经涨到了100枚，乞丐心想：假如把猫藏起来，过几天赏银还会增加的。

过了几天，他又跑去看告示，奖金果然已涨到了150枚。

接下来的几天里，乞丐天天去看墙上的告示。当奖金涨到了令人难以置信的高度时，乞丐决定将猫送进城堡去换赏银。谁知，当他准备带上猫去领赏时，猫已经死了。因为这只猫以前每天吃的都是山珍海味，对乞丐在垃圾里捡来的东西根本不屑一顾。

贪婪的欲望往往使人们丢失许多宝贵的东西，像故事中的乞丐那样，望着50枚，却等待着100枚，望着100枚又期待着它升得更高，结果呢，落得空欢喜一场。

我们在小学课本里就学过《渔夫和金鱼的故事》，那个渔夫的老婆是个贪得无厌、得陇望蜀的家伙，她成为皇后后，并没有知足，结果，金鱼在愤怒和厌恶之余，收回了一切，渔夫和他的老婆只能生活在往日的贫困之中。

还有一个农夫和神仙的故事与此类似。一天，农夫偶遇神仙，神仙为其劳苦和忠厚的表象所感动，点出一眼井，井里冒出的是酒，永不枯竭，农夫卖酒发财，后来却埋怨没有酒糟喂猪。由于他的贪心，神仙就把给他的一切收了回去，农夫又过上了清贫的生活。

其实，你应该知道这样一个道理，假如现在你有百万资产，可是还有家资千万的人；你现在有千万资产，可还有家资雄厚而又身为高官的人。所以，我们还是应该安于本分，心情舒畅地生活。

要做到不戚戚于贫贱，不汲汲于富贵，就要具有不贪之心。要懂得播种一分，收获一分的道理，不要强求，不要希图意外的惊喜。

《一千零一夜》中阿里巴巴的哥哥西木进了四十大盗的藏宝洞，欣喜若狂，挟宝而兴奋不已，忘了回家，致使强盗回来，丢失了性命。

对于一个贪得无厌的人来说，“满足”二字与他互不相识，他有了金银还会怨恨没有得到珠宝，吃着碗里的还要看着锅里的，这种人虽然身居豪富权贵之位却有着乞丐般的生活方式；一个知足的人，即使吃粗食野菜也比吃山珍海味香甜，穿粗衣棉袍也比穿狐袍貂裘要温暖，这种人虽然身为平民，实际上比王公更快乐。

一个有钱人，每天早上经过一个豆腐坊时，都能听到屋里传出愉快的歌声。这一天，他忍不住走入豆腐坊，看到一对小夫妻正在辛勤劳作。富人大发恻隐之心，同情地说："你们这样辛苦，只能唱歌消闷，我愿意帮助你们，让你们过上真正快乐的生活。"说完，放下一大笔钱走了。这天夜里，富人躺在床上想："这对小夫妇再也不用辛辛苦苦地做豆腐了，他们的歌声会更响亮的。"

第二天一大早，富人又经过豆腐坊，却没有听到小夫妻俩的歌声。他想：他们可能激动得一夜没睡好，今天要睡懒觉了。但第二天、第三天，还是没有歌声。富人好奇怪。

就在这时，做豆腐的男主人出来了，他见了富人便急忙说道："先生，我正要去找你，还你的钱。"富人问："为什么？"对方说："在没有这些钱时，我们每天做豆腐卖，虽然辛苦，但心里非常踏实。自从拿了这一大笔钱后，我和妻子反而不知如何是好了——我们还要做豆腐吗？不做豆腐，那我们的快乐在哪里呢？如果还做豆腐，我们就能养活自己，要这么多钱做什么呢？放在屋里，又怕它丢了；做大买卖，我们又没有那个能力和兴趣。所以还是还给你吧！"

富人非常不理解，无奈之下，还是收回了钱。第二天，当他再次经过豆腐坊时，他又听到了小夫妻俩的歌声。

也许这个故事并不适合追逐财富、权贵之人的口味，有人会说对财富有欲望不好吗？没有人听说过钱多会咬手的——但事实是"钱多"确实是会"咬到你的手"。

7. 地狱与天堂只有一步之遥

一个年轻人因为犯罪被监禁3年，在他眼里，狱中的生活就如同地狱一般，他无法忍受这种心理折磨，于是决定结束自己的生命。

他想在临死之前再回忆一遍自己留恋的家人、亲戚、同学、老师，虽然他知道这些人根本就不会留恋他，但是他还是想仔细搜寻一下，看看到底有没有人曾经赞许过、鼓励过他。他苦苦想了一个多小时，没有任何结果，可是他就是不相信，自己的人生会如此失败。

最后，他决定如果能想出有人赞许他的只言片语，他就不会结束自己的生命。做了这样的决定后，他更加仔细地回忆生活的点点滴滴。最后，他想到了一位老师的“半句话”，那是在上小学的时候，他的美术老师皱着眉头看他一幅恶作剧的作品时，认真地说：“你画了些什么？色彩倒还漂亮。”

于是，年轻人决定兑现承诺，为了这半句话而活下去，并且要好好地活下去。后来他成了一名作家，找到了人间的天堂。

也许，有许多人不会相信这是真的。事实上，天堂和地狱是相对存在的，从地狱到天堂只在一念之间。只要调整心态，懂得珍惜生活、珍惜生命，就会步入人间的天堂。

8. 灵活变通，适应环境

有这样一个故事：

一条小河流从遥远的高山上流下来，在无数个村庄与山林面前，它从没有驻足，可是面对沙漠这个强大的对手，它却步了。因为它知道，要想穿过沙漠，必须付出惨痛的代价，甚至会毁灭自己。

可它不甘心就这样放弃，它想："既然我已经越过了重重障碍，这次也应该能够化险为夷，只要我有足够的勇气。"

下定决心后，小河流慢慢进入沙漠，它发现河水渐渐消失在泥沙当中，它试了一次又一次，结果都是一样。

这种状况使小河流心灰意懒，心想："也许我命中注定要葬身在这沙漠中吧！也许我永远也难以到达传说中的浩瀚大海。"

正在小河流灰心丧气的时候，四周响起沙漠低沉的声音："小河流，这么快就失去信心了吗？这种方法行不通，可以选择另一个方法啊！为什么不借助微风的力量让它带你跨越沙漠呢？"

小河流抱怨地说："要不是你，我早已经见到浩瀚的大海了，让微风带着我过沙漠这不是让我去送死吗？我可不愿意。"

沙漠继续说："不是叫你去送死，你之所以不能过沙漠，是因为你的思维不能灵活变通，所以你永远无法跨越我。要想从这里通过，你必须让微风带着你飞过去，协助你到达目的地。你只要愿意放弃你现在的样子，让自己蒸发到空气中，微风就能助你一臂之力。”

小河流心里思量着：“让我放弃自己现在的模样，不是等于叫我自我毁灭吗？这样的方法我从来没有听说过，谁知道是不是沙漠在骗我。”

沙漠似乎看出了小河流的心思，于是耐心地解释道：“微风可以带着水蒸气越过沙漠，在适当的时间、地点，它又会把水蒸气以雨水的形式释放出去。这样你不就恢复到原来的样子了吗？不就可以继续前进奔向你梦寐以求的浩瀚大海了吗？”

“那我还是原来的河流吗？”小河流问。

沙漠回答说：“可以说是，也可以说不是。但是不管你是一条看得见的河流，还是看不见的水蒸气，你内在的本质却从来没有改变，归结到最后你依然会以一条河流的形式，到达你想要去的地方。你之所以会坚持自己是一条河流，是因为你从来没有认识到自己内在的本质。”

听完沙漠的话，小河流的思维回到了它变成河流之前的日子。它隐隐约约地想起了自己似乎在变成河流之前，也是由微风把它带到内陆某座高山的半山腰，以雨水的形式落下，才成了今日的河流。

于是小河流鼓起勇气，向微风敞开了怀抱，化作水蒸气消失在微风之中，奔向它生命中的归宿。

在大多数人的生命历程中，往往也会有与小河流一样的经历，面对困难驻足不前，思维不能灵活转变，由此为人生留下遗憾。

想要跨越生命中的障碍，达成某种程度的突破，向理想中的目标迈进，那需要一种大智慧——灵活变通，挑战未知的领域。

用自然的心态观赏一路风景

1. 天堂在人心中

一个旅人去周游世界，经过了很多地方后，最后来到了美国阿拉斯加一个靠近北极圈的城市，那里到处都是杉树林，地面上覆盖着厚厚的白雪。

在他眼中，这绝对是一个鸟不生蛋的地方，虽然也是城市，但是人烟稀少，而且到处都是冰天雪地，甚至连那些杉树似乎都屈服于这个地方，最高的也不超过两层楼。

旅人上了一辆巴士，如他所想象的那样，车上就他一个乘客，但是很幸运的是他碰到了一位很健谈的司机。

这位司机是个中年女性，看起来很平常，但是一副乐呵呵的样子让人感觉很温暖。旅人指着路边的杉树林表达了他的疑问，“怎么都这么矮呢？”

“这里的树都是这样，不可能长得高。想想看，上面是雪，下面是冰，即使在夏天，地下几尺也是冰冻层了。”女司机笑了笑继续说，“一年只有4个月不下雪。”

旅人很同情地问：“在这儿生活，一定很寂寞吧？”

她微笑着摇头说：“我有8个孩子，下个月即将抱第8个孙子，我怎么会寂寞呢？”

“那你的孩子们都到美国本土去了吧？”

“不，全在费尔班克。”

“全在这儿？”旅人惊讶地问。

“是的，有什么不正常吗？他们都不适应外面的拥挤和吵闹……还有污染。”女司机突然转移话题说，“这里虽然是一块穷乡僻壤，但却是真正的人间天堂。”

的确，天堂不一定是沃土，沃土不一定是天堂，天堂其实就在人们的心中。

2. 坚持一下，别做命运的俘虏

《庄子》中有这样一个故事：一个蠢人走路时突然见到自己的影子，不知是什么东西。他拼命地跑，想甩掉影子，结果他跑得越快，影子也跟得越快。他以为这是个怪物，吓得要死。

这个故事说明了，面对好多事情，令人恐惧的往往不是事情本身，而是人们自己内心形成的恐惧。《庄子》里说，你只要站到背阴处，影子自然就消失了。同样，面对难以解决的事情时，不要无限地夸大事情的难度，给自己的心理加上无形的负担。在事情还没有发生或者尚未构成威胁时，不要自乱阵脚，要保持冷静，这样才可以找到事情的解决办法。

有两个探险者在茫茫的大戈壁滩上迷路了，由于过度缺水，他们的嘴唇裂开了一道道血口子，如果继续这样，可能会被活活渴死。于是，其中一个人拿起水壶，对他的同伴说："我去找水，你在这里等着我！"然后，他从行囊中拿出一支手枪递给同伴说："这里有六颗子弹，每隔一个小时，你就放一枪。这样，我找水就不会迷失方向，就可以循着枪声找到你。"同伴点了点头，他便离去。

半天的时间已过，枪膛里就剩下最后一颗子弹了，找水的那个人还没有回来。等他的这个同伴心中万分着急，他想："他一定是被风沙湮没了或者找到水后撇下我一个人走了。"他一分一秒地数着时间，焦灼地等待着，饥渴和恐惧包围着他，他感到越来越绝望，仿佛嗅到了死亡的味道，看到了死神面目狰狞的面孔，他终于绝望了、崩溃了，最后，他扣动扳机，将最后一颗子弹射进了自己的脑袋。就在他的尸体轰然倒下的那一刻，同伴带着水赶到了他的身边。

这位自杀的探险者是不幸的，他自己放弃了生存的希望，放弃了宝贵的生命。只要再坚持一下，就会看到生存的希望，就不会做命运的俘虏。他却将自己毁灭了，希望就在他饮弹自尽的那一刻与他擦肩而过，但是他没有抓住。

3. 新思路决定好出路

工作过程中，要学会用脑。有时候，变换一种思维方式，会带来意想不到的收获。思路决定出路,一个新奇的思路有时候会给人带来好出路。

有些人不愿意思考，总是用固有眼光去看待眼前的事物。然而，事物是不断变化的。如果总是按照以往的思路去做事，便很难取得出色成就。相反，如果喜欢动脑，养成勤于思考的习惯，当同一个问题摆在眼前时，便能够解决得更巧妙。

有两个小伙子，一个叫实，一个叫新，他们住在同一个镇上，两人均在家待业。很快，两人通过不同的方式知道了一个招聘消息：离镇较远的一个村子出现了饮水问题，需要招两位年轻人给村里送水。两人兴致勃勃地去参加应聘，表现都不错，于是同时与村里达成了协议。这样，两人便开始负责村里的送水工作。

实是个实在人，他觉得工作来之不易，一定得好好干。他买了一套工作服和两只大桶，便投入工作中。每天，他都早早起床，拎着两只桶去距村千米左右的湖边提水，然后挨家挨户地送水。凭着结实的身体和踏实的工作态度，实每天都能够挣到不少钱，心里美滋滋的。唯一觉得不舒服的，就是有些累，毕竟每天干的都是体力活。不过，实就是比较实在，他认为，只要能挣上钱，累就累点，年轻人嘛。

新的工作方式与实的差别很大。接到工作后，他并没有像实那样立即去买工作用品。新在琢磨，如果单靠体力挣钱，即使再怎么卖力，每天的收获也不会有大幅度的增加。既然是工作，就该有进步，这样干起来才能鼓舞人。于是，他想到了修渠。因为有了渠后，就可以把水引入村里，然后通过输水管道就可以送到各家门前了。在一番思索和计划后，新从镇上找到了一支施工队，开始了修渠工作。

一个多月后，渠便修好了，输水管道也很快安装完毕。他向该村村民们保证，自己送的水不仅干净，而且量足。另外，还比较方便，什么时候需要用水，打开水龙头就可以了。新的计划成功了，村民们纷纷装上了水龙头。水源源不断地流向村民家中，钱也在不断地涌向新的口袋里。

新并没有满足于眼前的这些小成绩，他接着打听该村附近有没有存在饮水问题的村子。一旦有消息，就前往洽谈。很快，新便在这些村之间形成了一个小规模的送水系统。

有了送水系统，新即使不工作也能够挣到很多钱，生活自然过得轻松自在；与新相比，实的工作方式已经不能满足村民的需求，他所挣的钱也就越来越少，生活依旧忙碌和辛苦。

4. 有目的地吃苦耐劳

过去，吃苦耐劳的人很受欢迎，因为人们普遍认为，能够吃苦耐劳的人肯定很有出息。如今，随着社会的变化和发展，吃得苦中苦、方为人上人的思想观念，难免有些不合时宜。

能够吃苦不是坏事，但是吃苦有盲目的吃苦和有目的的吃苦之分。盲目吃苦，所得有限，还有可能面临失业危险；有目的地吃苦，用自己有限的精力去获得最大的回报，生活将会变得美好。

甲是一个地方的铁路主管，他在铁路上已经工作了20余年。在这20余年的过程中，他一直在辛苦地工作。不管刮风下雨，只要铁路上有任务，他都去执行。他的努力得到了回报，他从一位普通的铁路工人升为了铁路主管。不过，他的工作性质没有变，同样得经受风吹雨淋，不同的是，手中有了点儿权，可以管管手下的工人。

一天，烈日炙烤着大地，甲和工人们正在铁路线上认真工作。这时候，一列火车在轰鸣声中向站台驶来。甲和工人们的工作被打断，他们赶忙站到了站台边。火车刚一进站，一扇大窗户打开了。从这个窗户中可以看到，这节车厢是一个特制包厢，设备齐全，非常豪华。正在工人们带着羡慕的眼神看着车厢时，一个衣着考究的人伸出头来与甲打招呼。随后，这个人就下了火车，和甲攀谈了起来。

其实，两人早在20年前就相识了。那时候他们同为铁路工人，两人之间的友谊还是比较深厚的。由于两个人的目标不同，甲现在成为了铁路主管，而他的这位老朋友如今做了铁路总裁。多年不见，双方自然会有很多感触。不过，工作不能耽误，两人还是告别了。

这位铁路总裁一走，工人们便纷纷围了上来。他们非常好奇，因为他们不知道上司还有如此厉害的朋友，于是想听听他们两人之间的故事。甲告诉这些工人们，当年他们一起在铁路上奉献，同甘共苦。于是工人们就更好奇了，为什么同样在铁路上工作，一个成为了铁路主管，而另一个却成为了铁路总裁呢？甲说了，当时他只知道每天干多少小时的活儿拿多少钱，而现在的这位铁路总裁不一样，他没有看重每天的工钱，而是把工作当成了事业。

生活中，有许许多多像甲一样的人，他们只是一味地吃苦耐劳，完成自己应做的工作，而不知道提升自己的能力。有些人说，这种人甘于平淡，喜欢简单的生活。换个角度来看，这种人是不知道善待自己的人。因为，人生来不是为了吃苦的。之所以要吃苦，是为了过上更好的生活。他们这种吃苦的方式是盲目的，靠这种方式工作下去，尽管身体在逐渐衰老，但工作强度和性质是很难改变的。

而像铁路总裁这样的人却不一样。他们也知道吃苦，但他们的吃苦带有很强的目的性。他们在吃苦的过程中，不断提升自己的能力，随着自己能力的提高，他们的职位越来越高，待遇也越来越好。

5. 工作留点儿心，日子会顺心

由于工作性质的不同，有些工作人员领取的工资是固定的，相同职位的人工资相差不大。而有些工作人员领取的是计件工资，比如，业务员、玩具生产工人、出租车司机等。一个出色的业务员是不会在乎底薪的，因为他每个月的业务提成要高出底薪很多倍；一个难以出成绩的业务员，底薪对他是非常重要的，因为底薪是他的生活保障。造成工资差异的原因有很多，其中，能否抓住细节便是一个比较重要的原因。

开出租车是一件苦差事，有时候需要“蹲点”，静待“目标”出现；有时候需要“移动作战”，以便搜寻“目标”。有的出租车司机说了，有时候不管选用哪种方式，总是拉不到客人，辛苦了一天没有收获的日子太难过了。然而有这样一个出租车司机，他总是能够满载而归，每天的心情和生活都挺不错。

有人就纳闷了，同是出租车司机，服务态度也没有多大差别，为什么他就比别人挣得多呢？原来，他有着自己的一套方法。

他的身边总是带着一份地图，没事的时候就会留意附近的建筑物，以便熟悉环境。每到一处陌生的地方，他都会将这里的名字记下来。这样一来，他对当地地理路况的了解，自然要比其他出租司机细致和全面。即使是一些叫不上名的小地方，他也能够准确无误地将客人送到。

另外，他对当地人的生活习惯了如指掌。根据自己掌握的规律，哪里需要出租车，他就会在哪里出现。比如，早上他会在各大酒店或饭店前找活儿，因为住酒店或饭店的人大都是外地人，有着各种各样的业务要做。吃完早餐后，肯定要出去办事，由于对环境比较陌生，出租车自然成了他们的最佳选择；快到中午的时候，他便赶到公司或写字楼集中的地方。因为这个时候在办公室工作的人员要出去吃饭，由于中午的休息时间比较短，并且是人流高峰期，挤公交车既费时又难受，出租车的快捷和方便就体现出来了；下午的时候，他就穿梭在各个银行中。因为人们习惯于下午去银行取钱或存钱，为了安全起见，取钱的人选择出租车的概率要比坐公交车大得多；接近黄昏的时候，他就把车开到飞机场、郊区等一些比较偏僻的地方，去接一些要回市里的人，因为这个时候是下班高峰期，下班的人陆陆续续往家里赶，堵车现象十分严重；晚上八九点钟的时候，他又会去一些热闹的娱乐饮食场所，把那些玩累的、吃好喝足的人送回家。

一天下来，他的车从不闲着，因此他挣的钱要比别的司机多出许多。

杜邦化学公司在世界上很有名气，尼龙的制造方法就是这家公司的杰作。那么，尼龙是怎样问世的呢？在20世纪初，该公司的一位工作人员忘了将试验室的烧锅关掉，就这样，烧锅一直烧到第二天才被人发现。这样的情况在其他一些化学公司里也时有发生，不同的是，杜邦化学公司当时的主任化学师没有让人立刻将烧锅中的凝结材料倒掉。他经过观察，得到了一个惊人的发现：可以从这种凝结材料中拉出纤维。后来，该公司利用这种凝结纤维，通过一系列的试验，最终成功地生产出了尼龙纤维。

6. 别把过失当包袱，及时改正天地宽

有些人在工作的时候，对自己太过苛求。他们力求把工作做得完美，从不允许自己犯错误。一旦工作中出了问题，他们便会紧张起来，害怕出丑和别人的嘲笑。这种做法和想法只能给自己背上一个沉重的包袱，增加自己的工作压力。其实，每个人都会犯错误，只要能够及时改正，便是一个合格的工作人员。

有个女孩，她毕业于一所名牌大学。在校期间，她成绩优异，再加上人长得漂亮，那时候的她总是一脸的灿烂笑容，流

露出十二分的自信和轻松。凡是了解她的人都认为，她必将有好的前程。毕业后，在别人羡慕的眼光中，她顺利进入一家外资企业。

刚刚接触工作，犯些错误是在所难免的。女孩虽然聪明，但是不可能一开始就能够把工作做得十分完美，同众多的新手一样，她也犯了些错误。一次，女孩所在部门的经理要她陪同去见一位比较重要的客户，由于穿着不当，经理批评了她。还有一次，经理让女孩把一份文件送过去。由于没有经验，女孩显得很匆忙，结果送错了文件，经理又批评了她，希望她日后做事能认真点。

作为经理，他是不可能不知道一个新手会犯错误的，他对女孩的批评不应该是严厉的。但女孩没有这样想，她将经理的批评牢牢记在心中，生怕自己再犯错误。为了能够穿着得体，女孩每天早上甚至会比别人提前两个小时起床，以便得到经理的认可。

短短一个月的时间，女孩好像换了一个人。她原有的活泼开朗、落落大方被深深隐藏了起来，原有的那份轻松也因为目前的工作而被掩盖了。她把经理的那两次批评看得太重，以致压得自己喘不过气来。与同事打交道的时候，她变得害羞起来，生怕因为自己的用词不当或话题的不合时宜，而遭到同事的笑话或漠视；工作的时候，她小心翼翼，如履薄冰，一次不经意的错误对她来说就是一次沉重的打击。

女孩的心灵承受着极大的压力，她的神经整天处于紧张状态，要知道，紧绷的弦早晚都会断的，并且一旦断了，就再也无法恢复以往的张力了。很快女孩就崩溃了，无论是她的精神还是精力。她变得麻木了，以往的目标和梦想对她来说，已经不复存在了。最终，她的漫不经心和对工作的懈怠换来了公司的解聘书。

女孩无疑是优秀的，可是她太看重自己的工作表现了。就因为自己的两次小小的错误，她把自己封闭了。最终，她也把自己的前程断送了。

女孩的工作经历为新员工和要踏入社会的择业人员敲响了警钟。工作中，要摆正自己的心态，不要因为一两次错误就把自己弄得神经兮兮。古语曰："人谁无过？过则改之，善莫大焉！"

7. 真心付出，总会有回报

只要真心付出，总会有回报。生活是这样，工作也是这样。

一家超市同时雇用了两个采购员甲和乙，他们年龄相仿，资历相似，基本工资也一样。

不过，差别很快就出来了。半年之内，甲连升两级，工资也翻了一番；乙却依然如故，毫无变化，还是一个小小的采购员。乙前思后想，觉得经理很不公平，既然能力相同，就应该同等对待。乙的抱怨情绪很快表现出来，他越来越不满，以致想辞职。他找到经理，将自己的不满全盘托出。他要求经理给自己一个合理的解释，否则自己请求辞职。经理稍作沉默后，他让乙上午先工作，下午给他解释这件事，乙同意了。

经理让乙去水果批发市场看看有什么新鲜东西卖。乙很快去了市场又很快回来了，他向经理报告，香蕉开始上市了，各个批发处都摆了出来。经理又问乙香蕉的质量如何，乙又来到市场，看完后回去汇报：香蕉的质量不错，还能够放一段时间。经理又问了：香蕉的价格如何？乙二话没说，又去市场上问明价格后赶了回来，将价格告诉了经理。

经理没有说什么，让乙先坐下。然后他把甲叫了过来，让甲去水果市场上看看有什么新鲜东西卖。甲不久便回来了，他向经理汇报，他去了市场后，发现香蕉开始上市了，新上市的这些香蕉质量都不错，如果采购回来还能够放上好几天。他又挨家问了价格，并且问明了批发价。汇报完后，他又将从市场上拿回的一个香蕉给经理参考。

听完了甲的汇报后，乙羞愧地离开了经理办公室，他不再要求经理给他解释了。

当自己的待遇没有同事好时，不要总认为上司对同事比较偏心。与其抱怨，不如客观地分析原因，找出自己工作中的不足。等到自己的不足之处得到弥补时，得到的报酬就会慢慢优厚起来。

6

Chapter 6

给心灵放个假，随你去旅行

让大脑轻松。史蒂文生说："快乐并不是幸运的结果，它常常是一种德行，一种英勇的德行。"快乐的理由有多种，关键要看是否能够让自己自觉地感受到轻松。生活中，有的人为了心中的夙愿而忍辱负重，有的人为了走向成功而步履匆匆，有的人为了生存而身受负累与压抑。其实，生活往往没有人们所想象的那样累，如果常给自己减压，生活自然过得轻松。记住：不要让顷刻的烦躁持续太久，不要对稍纵即逝的苦恼给予过多的关注。一顿美食，一壶清茶，黄昏落日，清晨露珠，都会给人带来一份轻松与惬意。

珍惜生活才会快乐

1. 给大脑放个假

人要适时地给自己减压，给大脑放个假，让自己的生活更轻松一点。

有一个商人，由于地区经济不景气，生意每况愈下，为此他整天闷闷不乐，垂头丧气，忧愁与失眠成为他最好经常的伙伴。妻子见丈夫如此模样，就开始为他担心。

一天，妻子见他过于疲乏，建议他去看心理医生，他听从了妻子的建议。

医生见他双眼布满血丝，便问："怎么了，是不是为失眠所困？"

商人说："嗯，是的。"

心理医生确定病因后，继续说："这是一个小毛病，你回去后，如果再睡不着就数绵羊吧！这样你会很快进入梦乡。”商人接受了心理医生的建议，道谢后离去了。

一个星期后，他再次来找心理医生。这一次的状况比上次更加严重了，他双眼又红又肿，精神萎靡不振，心理医生吃惊地说：“难道我教给你的方法不管用吗？”

商人委屈地回答说：“是呀！有时数到3万多只还睡不着！”

心理医生又问：“难道你数了这么多，一丝睡意都没有吗？”

商人答：“本来已经困了，可一想到那么多的绵羊能够产多少毛呀，不剪岂不可惜，就睡不着了。”

心理医生说：“那你就将它们剪完再睡不就可以了吗？”

商人叹了口气说：“可是令人头疼的问题又出现了，我想，这么多的羊毛制成的毛衣，销往哪儿呀！一想到这儿，我就又睡意全无了。”

将事情想得太远，就成了无休止的压力。给心灵放个假，让它也能得到适当的放松与享受，这样生活才能变得更加美好。

当长时间的紧张统治着你、折磨着你的时候，你的工作效率就会开始下降，并且会严重影响你的个人生活，使你失去工作和生活的热情。

在生活中，面对着各种各样不合自己心意的事，你会采取什么样的态度呢？是坦然、磊落、轻松地对待，还是谨小慎微，抬头怕顶破天，走路怕踩到蚂蚁呢？需要告诉大家的是，不要让自己长期生活在紧张压抑之中，不要让自己心灵的琴弦绷得太紧。必要的时候，放松一下自己，轻松地活着。

压力无处不在，任何人都躲避不了。因为人不是万能的，不可能把一切不顺心之事变为理想之事。关键看你怎样对待已经发生的事。我们都是压力的创造者与承受者，同时也是压力的驱除者。

2. 失望有限，希望无限

希望的种子，总是播种在最黑暗的日子里。

在纳粹集中营内，一个男孩不顾酷寒，双手抓住铁栏杆向外张望着。就在男孩很茫然地看着远方时，有一个漂亮的女孩闯入他的视线。而刚好从这儿经过的女孩也看见了这个牢笼中的男孩，也许是看出了男孩的渴望，也许是觉得男孩很可怜，女孩把一个红苹果扔进铁栏杆里。

对于男孩来说，这可是一只象征生命、希望和爱情的红苹果。他弯腰拾起苹果，觉得尘封已久的心田一下子明亮、温暖起来。有了希望的男孩，第二天早早地便来到铁栏杆边，其实他并没有抱什么希望，但是他无法阻止自己那企盼的情绪……而女孩呢？她同样渴望能再见到那不幸的身影。

她冒着凛冽的寒风，带着象征温暖的红苹果来了……就这样无论刮风还是下雪，他们都如约而至，他们之间虽然没有语言，但红苹果在铁栏杆的两侧正传递着浓浓的暖意，这情景极其动人。然而，铁栅栏会面在短短的几天后便凄然落幕了。

这一天，北风呼啸，雪花纷飞，女孩仍旧带着红苹果来了。和前几天不同的是，男孩和女孩说话了，他对女孩说："谢谢你在我的心田播下了希望的种子，但是从明天起你不用来了，我将被调到其他的集中营。"说完便转身走进集中营，女孩还没有反应过来，她不相信幸福如此短暂。

第二天，她又来到这里，果然没有看到那双企盼的黑眸和红肿的双手，女孩失落地离开了……

男孩被送到了另一个集中营里，每当痛苦来临，他只要想到女孩那动人的身影，明亮的眼睛，关切的神情和手里的红苹果，就下决心活下去。

十几年以后，在美国，有两位成年人无意中坐在一起。闲聊时，他们讲起战争时的事情，女士问道："请问先生，大战时，您在哪里？""我被关在德国的一个集中营里。"男士答道。女士便讲起她和那个男孩的故事。就在女士讲到他们最后一次见面时，男士激动地接过女士的话说："那男孩在最后一次见面时，说你在他的心里种下了希望的种子。"女士惊讶地打量男士："难道你就是那个男孩？""是的，从那时起，你的身影便在我的脑海中挥之不去了，是你播下的希望种子让我活到了今天，也是从那时起我便再也不想失去你，愿意嫁给我吗？”片刻的沉默后，女士深情地答道：“我愿意。”他们紧紧地拥抱在了一起……

3. 随遇而安，活得踏实

从前有一个国王，他为了体察民情，便和众多平民同乘一船外出。结果，在船上发生了一件令国王不知所措的事情。

一个从波斯来的奴隶从来没有见过海洋，更没有尝试过坐船的滋味。由于害怕，一路上他哭闹不止。

国王被奴隶扰得心情烦乱，心中默想世上怎么会有如此胆小的人，假如有谁能让他安静下来，那真是功德无量啊！船上很多人都设法安慰他，用尽了各种方法，可仍然无济于事。

正在大家愁眉不展的时候，一位哲学家说：“让我试一试吧，我有办法让他安静下来。”

哲学家立刻叫人把那奴隶抛到海里去，他在海里挣扎了一会儿，正当他将要沉下去时，哲学家又命人把他从海里拉到船边。求生的欲望使那个奴隶双手紧紧地抱着船舵，哲学家见此状，才吩咐人们把他拖到船上。

哲学家的话应验了，他上船以后，始终坐在一个角落里，再没有发出任何声音。

国王被哲学家的举动弄糊涂了，便开口问道：“你的这一举动意义何在啊？为什么他可以听你的话不再吵闹了呢？”

“那是因为他不曾尝试人生最大的痛苦，不懂得即将死亡是多么痛苦的事。于是，他便想不到坐在船上的可贵。”

事实上，现实生活中有许多人都在犯与那个奴隶同样的错，不懂得珍惜现在所拥有的美好生活，因此很难做到随遇而安。

4. 只有不快乐的心

让人轻松快乐的方法有很多，但是通过许多方法找到的快乐都是暂时的，而不会永恒。只有自己心中有快乐，而且不断地追求快乐，这样才能得到永恒的快乐。

快乐是生活中的点点滴滴，也许只是一瞬间、一刹那，但是如果收集起来，却足以构成快乐的人生，让自己快乐起来。

有一位商人，经常带领长长的重载驼队，穿过一片茂密的树林。每当他途经此地时，都会看到一个樵夫正在卖力地砍柴。

这位樵夫的脸上总是挂满微笑，这让他很不解。因为樵夫虽然很穷，但是却如此开心，而他自己虽然很富有，却整日愁眉苦脸。

有一次，商人路过此地时，终于按捺不住好奇心，他走到樵夫面前对他说：“小伙子，你穷得叮当响，为什么却那么快乐呢？你是否有一个无价的宝藏呢？”

听到商人的问话，樵夫大笑不止，他说：“我没有任何无价之宝，但是我也不明白，你那么富有，为何却整天愁眉不展呢？”

商人哀伤地说：“我虽有钱，但家庭并不美满，我时常感觉很孤独。虽有家财万贯，但却觉得自己一无所有，没有被快乐围绕。”

樵夫若有所思道：“我虽然没有你那么多的财富，但却能感觉到幸福快乐的围绕，因为我的家人都是我的靠山。”

商人问道：“那你一定有一个贤良淑德的好妻子。”

“没有，我是个光棍汉。”樵夫回答说。

“那你一定有一个心仪的姑娘，你俩的感情非常深厚。”商人肯定地说。

“没有。但是的确有个姑娘让我感到很快乐，她给了我一件最珍贵的宝物。”樵夫说。

“是什么样的宝物呢？是姑娘给你的定情信物、一个热情的吻，还是……”商人好奇地追问道。

“是那个美丽的姑娘离开这里前，对我投来含情脉脉的一瞥！我与她从来没有说过话。”樵夫幸福地说道。

商人有些惊讶，他简直不敢相信樵夫的话，眼前这个快乐的小伙子竟然为了姑娘的一瞥而幸福成这个样子。

他继续问樵夫：“难道这一点就能让你满足吗？”

樵夫点点头，满脸的快乐与满足。

生活中，让人们感到快乐的事情有很多，那些抱怨自己为寻找快乐劳累不堪的人，不是没有真正地找到快乐，而是不懂得珍惜快乐。

一位名人说过："人生最大的快乐不在于占有什么，而在于追求什么的过程。"樵夫就是追求幸福的人。试想，如果樵夫看见漂亮女孩走后，整日里想着女孩这一走就再也不会回来了，因此万念俱灰，觉得自己什么也没有了，他是不是会比富翁更难过？

5. 真正的百万富翁

有一个小男孩问上帝："1万年对你来说有多长？"上帝回答说："就像1分钟。"

小男孩又问上帝："100万元对你来说有多少？"上帝回答说："就像1元。"

小男孩最后问上帝说："那您能给我100万元吗？"上帝回答说："当然可以，只要你给我1分钟。"

这则寓言说明，天上不会掉馅饼，天下没有免费的午餐，若急切地渴望财富，那么，只会让人感到身心疲惫、心力交瘁。

曾经有一位名人说过："每一个健康的人都是百万富翁。"看了以下这则故事，就会明白这样说的缘由了。

一个刚刚失恋的年轻人，在一条小河边无精打采地坐着，正在河边锻炼的一位老人看见了他，便热情地问道："小伙子，有心事吗？"

青年头也没抬，只叹了口气说：“没有。”

老人更加关心地问道：“真的没事？那你为什么闷闷不乐呢？”

小伙子很不耐烦地说道：“是，我现在一无所有了，干吗来管我？”

老人笑了，小伙子莫名其妙地看着老人。老人说：“你能和我说说你都没有什么吗？”小伙子答道：“没房子，没工作，现在连仅有的女友也没了，你说我还有什么？”

老人哈哈大笑说：“你真是个傻孩子，明明自己拥有百万财富却没有感觉得到。”

“百万财富？别骗我了，我身无分文，怎么会拥有百万财富呢？你老人家是在拿我寻开心吧？”青年很不高兴，正要离开。

“我一把年纪的人了，怎么会逗你呢？你来回答我几个问题吧。”

“什么问题？”小伙子好奇地问。

“如果一个体弱多病者用20万元买你健康的身体，你愿意吗？”

小伙子答：“当然不愿意！”

“如果一位老人要用20万买你的青春，你愿意吗？”

小伙子答：“当然不愿意！”

“如果一个被毁容的人买你的面貌，也出20万元，你愿意吗？”

小伙子答：“当然不愿意！”

“如果一个弱智患者要出20万，买走你的智慧，你愿意吗？”

小伙子更果断地答："肯定不行！"

他觉得老人问的问题太无聊了，转身就要离开，老人叫住他，还要问最后一个问题，他想反正也没什么事做，就听完吧。

于是，老人问："如果一个为争夺财产的人要出20万，让你去杀了他的兄弟，你愿意吗？"

小伙子这下愤怒了："你当我是什么人，为了钱什么都肯做？告诉你，我即使饿死也不会做这种遭天谴的事！"

老人意味深长地说："小伙子，这回你相信自己是个百万富翁了吧？刚才我已经开价100万元了，可是没有从你身上买走任何东西。"

小伙子恍然大悟，不好意思地谢过老人，并保证以后不再如此颓废，要带着自己的百万财产开始新的生活。

6. 善待他人等于善待自己

在一个小山村，住着一个很奇怪的年轻人。每次和别人发生冲突时，他不像其他人一样据理力争，一旦争执不下时便大打出手，而是以最快的速度跑回家去，绕着自己的房子和土地跑3圈，然后坐在自己的房子前和自己说话。

谁都不知道他说的是什么，开始的时候，人们还以为他害怕打架，所以才那样，可是不久后，人们发现根本就不是那样，他无论与谁发生口角，都是一样要回去跑3圈。

时间久了，村里的人都认为他有病，于是，就故意气他，故意辱骂他。但是他依然不还口，还是像以前一样跑回家去，绕着房子和田地跑3圈，然后再坐下来自言自语。慢慢地，大家都知道他有这个习惯，但是都很好奇，想弄清楚这个人为什么要这样。可是无论怎样问他，他都只呵呵笑着说没什么。

就这样过了20年，经过他多年的辛勤耕作，他越来越富有，房子和土地都越来越大，但是他的脾气并没有改变，依然像往常一样，绕着房子跑圈，自言自语。村里的人仍然非常疑惑，于是，便让他的儿子问他，可是无论儿子怎么问，他也不愿意说出来，只说以后有机会再说。

又过了20年，年轻人变老了，他的房子和土地在方圆百里已经无人能比，但是，他仍然拄着拐杖，艰难地绕着土地和房子，每每走完3圈的时候，他都累得气喘吁吁。

孙子劝他："现在不比以前，以前的土地和房子小，您可以在生气时就绕着跑圈，可现在这么大的土地和房屋，您不能再像以前一样了啊！否则会累坏身体的。而且求您告诉我，为什么您一生气就要绕着房子和土地跑3圈啊？"

老人觉得是该坦白的时候，于是将自己几十年来的"怪癖"说给孙子听："年轻时，我们家里很穷，房屋和土地都只有很小的一点，于是，每当我和别人发生争执时，就绕着房地跑3圈，边跑边想，我的房子这么小，土地这么小，这么贫穷，哪有时间和资格与别人争执呢？跑完了，我就坐在土地边上告诉自己，一定要努力工作，让自己的房子和土地变大，使自己成为一个富有的人。这样，气就全消了。”

“那为什么您拥有很多土地后，而且已经年纪大了，还是要绕着房地跑呢？”孙子问。

老人笑着说：“我现在还是会生气，生气时绕着房地走3圈，边走边想，我的房子这么大，土地这么多，我又何必跟人计较？而且因为这些人成就了现在的自己，这样一想，不但气消了，心里还对这些人生出感激呢！”

生气有害健康，但是又很少有人能做到不生气，而这个有着“怪癖”的人做到了，他不但能做到不生气，而且还能对这些人心存感激，这是多么宽大的胸怀啊！正是这种能够宽恕别人的胸怀，使自己得到了很好的朋友、和睦的家庭以及宽敞的房屋和土地，这不正是善待自己吗？

7. 惩罚他人就是在惩罚自己

一位非常爱生气的妇人，为了改掉这个坏毛病，就去请高僧帮忙。高僧首先给她讲禅说道，可是妇人总也听不进去。高僧说：“你什么都听不进去，怎么能开阔心胸呢？还是跟我去一个地方吧。”于是，他把妇人带到一座禅房中，随后落锁而去。

妇人急了，气得破口大骂。可无论她怎么骂，高僧都不理会。妇人最后骂得筋疲力尽，无力地坐在地上，开始气自己、骂自己，这是何苦呢？没事找什么高僧啊，害自己受这份罪，真是无聊至极。

可是，就在她沉默半个小时后，高僧来敲门。妇人高兴地以为高僧要放她出去，可是，没想到高僧只问她："施主还生气吗？"

妇人见高僧没开门,气鼓鼓地说："当然生气，可我不是生大师的气，而是在生自己的气，气自己为什么要到这地方来受这份罪。快给我开门，我要回家了。"

可是高僧根本没有理会她的话，只是淡淡地说："连自己都不原谅的人怎么能够心如止水？"说罢拂袖而去。

大概1个小时过后，高僧又敲门，问她："施主还生气吗？"

"不气了。"妇人疲惫地说。

高僧问："为什么？"

"气也没有办法呀！"妇人回答。

高僧说："看来你的怨气还很浓啊，一旦爆发后将会更加剧烈。"说罢又离开了。

高僧再一次敲门时，妇人无奈地说："没什么好气的了，因为很不值得。"

"什么值不值得，可见心中还有衡量，可见还是有气。"高僧笑道。

最后，高僧再问时，妇人反问高僧："大师，气是什么？"高僧哈哈大笑。这位高僧的意思正如另一位高僧所言："气便是别人吐出，而你却接到口里的那种东西，你吞下便会反胃，你不看它时，它便会消散了。"既然如此，为什么要生气呢，何不让自己轻松愉快地生活？

8. 看轻自己，天地变宽

李明在大学的专业是投资管理，毕业后，他很顺利地进入了一家投资咨询公司。在应聘这份工作时，公司的老板对他说，虽然公司目前不大，但可以给他充分施展才华的空间和机会。

进入公司后，老板果然没有食言，没多久，李明就被任命为市场部的副经理，负责拓展客户。这一职务相当具有挑战性，有一定的难度。李明没有胆怯，他年轻有闯劲，再加上丰厚的专业知识，逐渐为公司打开了局面。

在一段时间里，李明拓展的客户竟占据公司新增客户总量的一半以上。老板非常高兴，过来过去总要拍拍李明的肩膀，有事没事地还要拉上李明去喝酒，外出有什么活动，也会把李明带上。给人的感觉是，他和李明的关系超过了老板和员工的关系，似乎是好哥们儿。因此，公司里的人私下里说，只要公司里人事变动，李明肯定会升为市场部经理。甚至还有人说，市场部经理算不了什么，对李明来说，公司副总经理的位子也是有可能的。

李明自己也志得意满，跃跃欲试准备大干一番。老板的器重使他觉得自己对于公司很重要，他认为除老板，公司再也无人能与他相比，即便是那个与老板沾亲带故的副总似乎也不值得一提。

没过多久，公司果然出现了人事变动，市场部经理离开了公司，这下，人人都以为李明必是市场部经理无疑，可结果出人意料，老板并没有让李明升任市场部经理，而是花高薪从别的公司市场部挖过一个人来担任市场部经理。这让李明很失望，也非常不满，他不好直接表露自己的想法，便想了一个办法：提出要休假，说以前太累了，想放松一下。这明摆着是在提醒老板，自己对公司来说是很重要的。老板考虑了一会儿，很爽快地同意了。

李明想，自己的努力得来这样一个结果，自己这一休假，要不了两天，公司就得乱套，到那时，老板一定会主动请他回来。

一个月后，李明回到公司，公司一切正常，并没像他想象的那样。当他去老板办公室销假时，老板仍像以往一样，热情地拍拍他的肩膀笑道："休假过得怎么样？"李明终于明白了，老板的热情不过是一种用人的技巧而已，自己并没有那么重要。

李明从此不再事事争先，事事追求完美，他觉得自己就是一名普通员工，认真做好自己的事情最重要。慢慢地，他对现实有了深刻的认识，对完美也有了以前不一样的理解，变得不再那样争强好胜，而是用心，踏实地做好属于自己的工作。这样的转变使他的业绩越来越突出。不久以后，他就被提升为总经理。

轻装而行，一路欢歌笑语

1. 不要背着包袱远行

生活中，有很多人背着连自己都不知道的包袱，诸如，消极的思想、责备别人、归罪他人、让阴郁的情绪充斥内心、对自己办不到的事带着虚伪的罪恶感、认为生活无望没有出路等。试想，有谁能背着这么多的包袱而不累呢？

有这样一个例子：

当一个旅行者经过一个村庄时，发现看见他的人都笑他，他不明所以，于是问一个老人，老人反问他：“你一个旅行者为何要顶着一个南瓜呢？”啊？我怎么没有注意到呢？他很高兴地把头上的南瓜取了下来，顿时觉得走路轻松许多，心想这下不会有人再笑自己了。可是，当路过下一个村庄时，还是有好多围观者，并且对他发出刺耳的嘲笑。这时，一个好心人走过来对他说：“为什么不扔掉你手里的石头呢，你不觉得拿着它很累吗？”旅行者方才恍然大悟，原来自己真的很可笑，手拿两块大石头竟然没有发现，于是扔下石头。对好心人千恩万谢后，他继续上路了。如此这般，连续经过了几个小村庄，旅行者的包袱逐渐减轻，最后终于放下了全部不必要的东西。轻松自在地远行了……

其实人们就是在不知不觉中将自己的精力消耗殆尽的，所以，一定要及时发现自己背负的包袱，将其一个一个地放下，然后轻松自在地上路，这样才能不再疲累，并感到一身轻松。

2. 与压力共处

美国跳水运动员乔妮·埃里克森，在一个夏天发生了严重的事故，致使全身脖子以下瘫痪。

年轻的她怎么能承受住这么大的打击，她痛苦不已，无法控制自己悲伤的情绪。无论如何，她都摆脱不了那场噩梦的纠缠，不论家里人怎样劝慰她，亲戚朋友们如何安慰她，她还是抱怨命运的不公。

她每天都让家人把她推到跳水池旁，注视着那蓝盈盈的水波，仰望那高高的跳台，每次都忍不住流下凄然的眼泪。一想到从此不再属于她的洁白的跳板，不再属于她的朵朵美丽的水花，不再属于她的领奖台，不再属于她的人生路，她更加痛不欲生。但是，坚强的她还是拒绝了死神的召唤，开始冷静地思考人生的意义和生命的价值。

她想用知识来丰富自己残缺不全的心。于是，她借来了许多介绍前人如何成才的书籍，决心一本一本地认真研读。可是，困难向弱小的她掀起了第一波凶潮。虽然乔妮四肢健全，但出事后无法动弹，唯有双目可以灵活支配。读书需要翻页，这对她来说又是一次难度巨大的挑战。面对困难，她没有气馁，她靠嘴衔一根小竹片去翻书，劳累、疼痛了，就停下来休息。片刻后，再坚持读下去。

知识就是力量，通过大量的阅读，她终于领悟到：我虽然残废了，但许多人伤残后，却在另外的道路上获得了成功。他们有的成了作家，有的创造了盲文，还有的弹奏出美妙绝伦的音乐。别人能做到我为什么不能？

这位纤弱的姑娘变得坚强自信起来，她决定重拾自己的绘画爱好。为了能实现自己的理想，在绘画上有所成就，她捡起了中学时代曾经用过的画笔，用嘴衔着，开始练习。

用嘴画画，可想而知是一个多么艰辛的过程！可是她并没有被困难吓倒。家人心疼地劝她放弃，结果不但没有奏效，反而更加激起了她刻苦练习的决心。为了实现自己的梦想，她常常累得头晕目眩，咸咸的汗水把双眼弄得辣痛。对自己要求严格的乔妮，对自己已经取得的成绩总是不满意，有时委屈的泪水竟会把画纸浸湿。

为了积累素材，她常常乘车外出，拜访艺术大师。果然功夫不负苦心人，多年以后，她的一幅风景油画在一次画展上展出后，得到了美术界的一致好评。

春光明媚，芳草萋萋，野外踏青的人也许不难发现，在一块块石头的边缘，也冒出一根根的绿草，它们昂扬着身躯，接受微风的吹拂，阳光的照耀，雨水的滋润，和别的小草没有什么两样。虽然身上压着巨大的石头，虽然身躯不得不在石块下弯曲，但是它们却有一颗热爱生活，不屈服于困难的灵魂。其实仔细想想，人生也是如此。

苦难就如同压在人身上的石头，让人看不到光明，直不起腰，更别提人生的快乐。然而热爱生活的人，就如同在石头下边生长的小草，压在上边的石头充其量只能阻碍它一时的生长，它终究会有生长出头的一天。

卑微如小草，虽然受大石压迫，可照样昂扬着身段，展出属于自己的风采，为人在世，岂能不如小草？

3. 快乐的理由很简单

人如果拥有乐观的态度，就会无形中减轻很多压力，而且能够在逆境中找出快乐的理由。

有一个英国小伙子，他天生乐观开朗，每天总是带着一张乐呵呵的笑脸。他从不求神拜佛，这令神很不开心。于是，神决定在这个人死后，好好地惩罚他一下。

这个乐观的人死后，神终于等来了惩罚他的机会。神把他关在一个又冷又暗的小房子里，1周以后去看他时居然发现他笑得非常开心。神疑惑不解，问道："在这样寒冷的房子里一待就是7天，你难道一点儿都不抱怨吗？"乐观的人说："我有什么好抱怨的呢？这么冷的地方，让我想起圣诞节，每当这个时候就该放假了，而且还能和朋友们聚聚会，能够收到很多礼物，这是多么令人开心的事啊！"神没有达到目的，很不高兴。

于是，又把他关到一个很热的房子里，又过了1周，神看见的仍然是乐观者的笑脸。神不敢相信，于是又问："你被关在这么热的房子里待了1周，竟然还能够笑得出来？"乐观者答道："我有什么不开心的呢？这样的天气让我想到了在公园里晒太阳，多美好的一件事啊！（英国一年难得有好天气，一旦天晴，人们都喜欢去公园晒太阳。）"

神仍然不死心，就把他关在一间阴暗又潮湿的小房子里。又是很长一段时间，神来看他，发现他依然很高兴，并且比以往更兴奋。神非常不解，坚决地对他说道："如果这次你能给我一个合理的理由，从此以后，我不再为难你，会给你自由。"乐观者很轻松地说："就是在这样一个阴暗潮湿的天气里，我最喜欢的一支足球队，以很大的比分赢得了一场空前的胜利。这让我激动不已、兴奋异常，以后我每每在这种天气时，都非常兴奋，你觉得这是否很合理？”神被这个快乐的人感动了，于是，把自由还给了这位快乐的人。

人们见过“大肚能容，了却人间多少事；满腔欢喜，笑看天下古今愁”的弥勒佛，他之所以令人敬佩，是因为他能够把好多事情看得很轻，这就是快乐的理由。

4. 只要用心，谁都有浪漫

无论是穷人还是富人，要让自己生活得轻松，都应该有快乐的念头和方法。

富人用金钱来制造浪漫的气息，而穷人则可以用快乐的点子制造浪漫的氛围。

一天晚上，在一座大城市的天桥上，发生了这样一件有趣的事情。

一个小伙子正吃力地背着一个姑娘上天桥，额头上已经渗出细密的汗珠。有朋友赶忙过去帮着搀扶，并且问那个小伙子：“她生病了吧？我帮你叫车送医院。”谁知道那个小伙子竟然没有理会这位朋友。

到了天桥上，那个姑娘大笑起来，小伙子也忙向那位朋友道歉：“对不起，谢谢你的好心，我们在玩游戏。”“什么？”那位朋友一脸尴尬和愠怒的表情，甚至觉得自己太傻了，被人家给戏弄了。

姑娘好半天才停住笑，对那位朋友说："今天是我们结婚5周年纪念日。他没有钱，我不要他买什么礼物，但他有力气，所以我要他背我上天桥，才背了两个来回，就累了，将来结婚50周年，我让他背50个来回，累死他那把老骨头……"姑娘趴在小伙子肩上又笑了起来。

那姑娘长得非常平常，没有什么特别吸引人们注意的地方，但此刻，她却被宠得像个娇贵的公主。

很多人都以金钱定义浪漫，比如，鲜花、烛光、音乐等，却不知道穷人的世界中有这样一种别致的不用花钱的浪漫。

5. 活用你的幽默

幽默是一种让人喜悦、愉快的方式；幽默是一种让人展现才华、走出困境的能力；幽默更是一种让人减轻压力、轻松生活的艺术。

一次，美国总统里根在白宫举行的钢琴演奏会上发表讲话，第一夫人南希一不小心从椅子上跌落下来，从台上一直滚到台下的地毯上。不过，她很快就灵活地爬起来，重新回到自己的座位上。

在场的许多观众将这一切完全看在眼里，场下沉寂片刻后，爆发出一阵热烈的掌声。其实，观众中有一半人是为她出了洋相而鼓掌；另一半是为她利落地从地上爬起来而鼓掌。但不管怎样，这个意外的插曲无疑使正在讲话的美国总统里根陷入了十分尴尬的境地。

如果处理不好这件事，不少别有用心的记者就会在大报小报上炒得沸沸扬扬，给他带来十分糟糕的负面影响。不过，老牌政治家就是老牌政治家，里根首先查看了一番现场，看看夫人有没有受伤，确定夫人安然无恙后，便俏皮地说道："亲爱的，我告诉过你，只有在我的演讲得不到热烈掌声的时候，你才该做这样的表演。"

任何人都知道，里根讲的话不可能是真的，听到他的话，在场的所有人便无法再说些什么。而这机灵的应变，不但化解了各种幸灾乐祸、担忧和尴尬的心理因素，更消除了很多不必要的麻烦。

6. 与人为善，轻松快乐

当你对别人抱以友好、欣赏的态度时，你会得到同样的回报。

有这样一个小故事。

一天，山羊心情不错，恰好碰见了野兔，它说："野兔，你的毛好美啊！"野兔听了山羊的话，不光很惊奇，也很高兴，它很有礼貌地回答："不，山羊，你的毛更好看。"

它们就这样开始聊天了，感觉就像老朋友一样，后来决定住在一起。

时间越久，彼此越关心对方，并互相尊敬。

别的鸟儿瞧着山羊和野兔的交往，很感兴趣。两只动物能在一块住那么长时间而不争吵，真是奇怪。有些鸟儿决定考验一下它们的友情。于是，这些鸟儿趁山羊不在的时候，去找野兔说："野兔，你为什么和没有用的山羊在一块住呢?

"你快别这样说，"野兔回答，"山羊比我好得多，和它同住在一个窝里，我感到很光荣。"

第二天，趁野兔不在的时候，鸟儿们又去找山羊说："山羊，为什么你和那个没用的野兔住在一块呢？"

"你快别这样说，"山羊说，"野兔比我好得多，和它同住在一个窝里，我感到很光荣。"

看到野兔和山羊对待友情的态度，鸟儿们很受教育，它们决定彼此和谐相处，快乐地生活。

一位白胡子老人，坐在一个小镇郊外的马路边歇脚。这时，一辆汽车从老人身边经过。一会儿，汽车又开回来并停在老人面前。当老人正要起身时，一个陌生人从车上走下来对老人说："老先生，请问住在这个小镇上的人怎么样？我打算搬来住呢！"

老人看了一眼陌生人，反问道："你以前住的那个地方，人怎么样？"陌生人回答说："糟糕透了，都是些不三不四的人。在那里我没有得到快乐，所以，我打算另外寻找能够使我快乐的地方居住。”

老人叹口气说：“先生，非常抱歉，这个镇上的人恐怕要让你失望了，因为这里的人，和你以前住的地方的人差不多，也都是‘不三不四’的人。”听完老者的话，这位陌生人转身离开了，继续去寻找他理想的居住地。

又过了一会儿，另一位陌生人来到老人面前，询问了同样的问题。老人也用同样的问题反问了他。

这位陌生人说：“在那里居住的人都非常好，他们都是我的朋友，在那里我度过了一段愉快的日子。可是由于工作问题，我不得不离开他们，重新寻找一个更有利于我工作发展的地方。为了前途，我不得不离开那些可爱的人们。”

老人面露笑容，对他说：“我想你可以在这里驻足了，你很幸运，这里居住的人和你的那些朋友一样好，只要你真诚地对待他们，他们也会用真心来欢迎你。”这个故事告诉人们一个道理：快乐、大度、与人为善的人才能与他人融洽相处。

一个人即使不是腰缠万贯的富翁，但只要其精神世界是富有的，他就会感到快乐。因为，他能从融洽的人际关系中有所收获。

7

Chapter 7

赠人玫瑰，手有余香

付出是一种快乐，我们享受其中。懂得付出的人是最懂爱的人，也是最幸福的人。

每个青少年都需要在被赞美、被关怀和被爱中建立他们的自信心、成就感和满足感，当你对他人送去一份关怀、一份尊重，一份赞美时，必定能收到别人对我们更大的回报，同时我们也收获了心情的平静与愉悦。

只有付出才可获得

1. 赠人玫瑰，手有余香

社会上的每一个人，都不可能孤立地存在，每个人都要和周围的人有着千丝万缕的联系，那么，这个人所做的事必然会对其他的人有或多或少的影响，其结果又反过来影响到自己。

有人把社会比作一张大网，把人比作这网上的一只小蜘蛛，不管这张网你是否喜欢，你都必须接受它，因为它是我们生存的基础。所以，青少年若想在世界上活得好，就必须广结人缘，给人以方便，做事情的时候不能光考虑自己而忽略了别人，你爱别人，别人才有可能爱你。“赠人玫瑰，手有余香”蕴含的就是这个道理。

助人即是助己。

当我们拿起鲜花赠送给别人时，最先闻到芬芳的是我们自己，当我们抓起泥巴企图抛向别人时，弄脏的必先是自己的手。所以说，善待别人就是善待自己，就好比为他人身上洒香水，自己也能沾上些许香气。一句温暖的话，一个友好的举动，都能深深地温暖别人的心灵。在关键的时候，你伸出了助人之手，那么，当你自己身处险境时，肯定也不会是孤军奋战。

19世纪90年代初，有一天，一个名叫弗莱明的贫穷的苏格兰农夫正在田地里耕作。忽然，他听到了附近的沼泽地里传来一阵呼救声，他连忙丢下手中的活儿跑过去。到了那儿，看见一个小男孩陷在了黑色的泥潭里，由于太过于惊恐，男孩不断地尖叫和挣扎，结果身体越陷越深。在这个关键时刻，弗莱明伸出了援助之手，沉着勇敢地将这个男孩从死亡的边缘拉了回来。

第二天，一个衣着华贵、气度不凡的贵族人士来到了弗莱明的家里，原来他就是那个小男孩的父亲，他带着重金来酬谢弗莱明对他儿子的救命之恩，但被弗莱明委婉拒绝了。此时，农夫的儿子从简陋的农舍跑了出来。于是，在贵族的一再坚持下，弗莱明终于同意由贵族资助他的儿子上学，贵族希望农夫的儿子能成为像他的父亲一样勇敢和善良，让所有的人都为之骄傲的人。

农夫的儿子没有让人失望，他进了最好的学校读书，最后毕业于伦敦圣玛丽医学院，后来因为发明青霉素而享誉世界，他就是大名鼎鼎的亚历山大·弗莱明爵士。许多年以后，贵族的儿子在“二战”期间患上了肺炎，而再一次拯救他的生命的就是青霉素，很多人都会认为这是一个巧合，是上帝的安排，难道这只是一个简单的巧合吗？这个贵族是伦道夫·丘吉尔勋爵，而他的儿子则是尽人皆知的英国前首相——温斯顿·丘吉尔。

“赠人玫瑰，手有余香”，这句话用在这个故事是恐怕是再合适不过的了，农夫的见义勇为让自己的儿子上了最好的学校，贵族的鼎力相助又让自己的儿子再一次躲过死神的光临，看来助人不仅是给别人机会，也是给自己机会。所谓“滴水之恩，当涌泉相报”“受人一抔土，还人一座山”，虽然善心只在人的一念之间，但善心所结下的善果，却会永久地芬芳馥郁，香泽万里。

爱心，就像是一颗熠熠夺目的钻石，不管在什么时候，都会焕发耀眼的光芒；爱心又像一场恰逢其时的甘霖，滋润着那希冀已久的心田；爱心似一曲能够鼓舞人心的励志歌典，促使在人生道路上徘徊踌躇的人坦然前进。一个会心的微笑，一个微不足道的赠予，一个小小的拥抱，都能让寒冷的心变得温暖，让黑夜不再漫长！对人多一份理解、宽容、支持和帮助，其实也是善待和帮助自己。这就是：“赠人玫瑰，手有余香。”

付出才有收获。

人生在世，既是短暂的，又是漫长的。要想过得快乐，过得幸福，就必须要有“赠人玫瑰”的爱心，心存善意。爱是一种强大的力量，无论行为多么渺小，当你毫不吝啬地赠予别人后，就一定能吐露芬芳，绽放美丽，自己也会越发地强大起来，因为我们所收到的回报远远大于我们的付出。

在充满战火和硝烟的战争年代里，有一支部队奉上级的命令去攻占敌人的堡垒。枪林弹雨中，一位连长在地上匍匐前进时，惊见一颗手榴弹正好落在一个小战士的身边，而小战士却毫无察觉。在这千钧一发之刻，连长顾不上多想，赶忙冲了过去，一下子伏在小战士的身上，用自己的身体掩护这个年轻的生命。“轰隆”一声巨响过后，他抬起了头，而这一抬头却让他惊出了一身冷汗。因为就在他起身后的那一瞬间，一颗炮弹落在了他刚刚匍匐过的位置上，把那里炸出一个巨大的坑，刚才的那一声巨响，就是那个炮弹响的。而小士兵身边的手榴弹，敌人在扔出来的时候根本没有拧开盖子。

试想，如果连长顾及自己的生命而不去救小战士，那么他的生命早就已经不复存在了。赠人玫瑰，手有余香，这一次，留下的可是最宝贵最有价值的生命啊！在生活中，我们很容易就会有帮助别人的机会，那么，就不要错过更不能吝啬，用你无私的心灵去帮助别人，用你热忱的双手去帮助别人。当你的帮助能换回他们的幸福笑脸时，你会发现你手里的玫瑰是那么清香，更是那么的高贵。“赠”不会让我们损失什么，却会为我们赢得灵魂的安泰和心灵的净化。这样，既为受难的人们抚平伤痕，更为自己的人生画卷涂上了一笔浓墨重彩，真正描绘了一幅动人的篇章！

孟子说过：“君子莫大乎与人为善。”在追求成功的过程中，谁都离不开别人的合作，尤其是在现代社会，就更应该想方设法获得周围人的支持与帮助。那些总是主动帮助别人的人就是最容易获得成功的人，因为他们最容易获得别人的回报。相反，如果你对别人的烦恼和不幸冷眼旁观，甚至落井下石，是不可能得到别人的帮助的。

赠人玫瑰，手有余香，只有充满了爱的世界才会洋溢着阳光。如果我们每个青少年都能够随时随地奉献我们的爱心，如果我们都能把自己的快乐毫无保留地传递给其他人，如果我们都能用一颗真挚善良的心为全世界的人类祝福和祈祷。那么，不仅这个世界因为我们的存在而变得更加美好了，我们自己也能拥有一份意想不到的收获和回报，我们的生活也会因此而变得更加精彩、绚丽和灿烂。

2. 付出的人生是完美的

在生活中，人们总是想办法去获得却不愿付出。但是如果你把眼光放长远一点，你就会发觉，原来付出也是一种收获。人们常说：“一分耕耘，一分收获。”没有付出，何来的收获。有付出才会有收获，唯有不断流动更替的水才会充满氧气，如此鱼儿才会有舒适的生存空间，为湖泊增添生命活力。有舍才会有得，只要不吝于付出，在付出的同时，我们便能腾出新的空间，容纳新的机会。付出也是一种幸福，人生最大的满足就是付出。

付出，也是新一代青少年的使命与价值。

付出是一种快乐。

街上走着衣衫褴褛的兄弟俩，一个5岁，一个10岁，他们从农村到城里讨饭。俩人饥肠辘辘地来到一户人家的门口，可他们的乞讨之路并不顺利。这家人在门口说："自己干活挣了钱才有饭吃，不要来麻烦我们。"俩人走向旁边的一家，这家人在门缝里说："我们不给叫花子任何东西。"

在遭到无数次的拒绝和斥责后，哥儿俩很伤心。最后一位好心的太太对他们说："可怜的孩子，我去看看有什么东西能给你们吃。"过了一会儿，她拿了一罐牛奶送给他们。这可乐坏了这小哥儿俩，他们像过节一样高兴，坐在马路旁享受起他们的佳肴。弟弟半张着嘴望着哥哥，用舌头舔着嘴唇，说："你是哥哥，你先喝。"

这时，哥哥拿着奶罐假装喝奶的样子，其实他紧闭双唇，没让一滴牛奶入口。然后他把罐子给弟弟，说："现在轮到你了，你只能喝一点点。"弟弟拿起罐子喝了一大口，说："牛奶真好喝。”哥哥接过罐子，假装喝了一口，又递给弟弟。奶罐在两人手中传来传去，哥哥一会儿说：“现在轮到你了。”一会儿说：“现在轮到我了。”牛奶终于喝完了，哥哥却一滴未喝，但他的内心是快乐的。因为付出的人得到的回报是幸福。

付出与快乐是一对孪生姐妹，没有付出，就没有快乐，反言之，要想获得快乐，就必须得去付出快乐。有些青少年爱占便宜，看见别人的东西好，总想据为己有图一时之乐。有些甚至去觊觎国家财物，总有非分之想，到头来锒铛入狱，快乐没有了，只有苦役。

没有付出，是没有收获的。所以，想要索取快乐，最终非但品尝不到快乐，反而咀嚼的却是失去自由的痛苦。正如“要想知道梨子的滋味，只有亲口尝一尝”。很多的快乐也是这样的。只有身体力行，方能享受得到。

不要去怀疑付出没有收获，尽管去做吧，提前的付出也许会获得意想不到的收获！把奉献放在前头，你才有收获的机会！只有甘愿多付出，才能收获回报。

日常生活中，做人如此，做事如此，与他人之间的交往亦如此。

事实证明，心底越无私，越坦诚与人交往，赢得的友谊就越多越深厚。因为你的付出，不仅是物质上的舍弃，更是一份情感上的真诚。你以真诚和无私对待他人，必然会收获友谊，赢得他人的尊重和关爱。这种人与人之间的相互支持帮助，就是一笔无形的财富。正像某位哲人所说的：“你希望别人怎样对待自己，你就要首先怎样对待别人。”

付出是一种人生的修养。付出是给予、是奉献、是无偿的。这种付出使别人得到快乐、满足，而自己也会从他人的欢欣与快慰中得到精神上的满足与幸福。

没有付出就没有收获，也别妄想以较小的付出获得巨大的收获和成功，要想有超乎常人的收获，就必须有超乎常人的付出。希望青少年朋友能牢记这一使命，成为理想远大的新一代。

“人”字的内涵就是相互支撑，每个人的成长都离不开他人的帮助。正是有了长辈的关爱，我们才得以健康地成长；正是有了老师的启蒙，我们才找到了人生的方向；正是有了同学的帮助，我们才懂得了友情的珍贵。予人玫瑰，手中留香。每一个当代的青少年应该认识到集体的力量，培养团队精神，团结同学，善于合作，与人为善，特别是真诚关心和帮助身边需要帮助的同学，在帮助他人中收获快乐。

给予不仅是富有的体现

贪婪是最真实的贫穷，给予是最真实的富有——无论在什么时候给予比索取都要重要。

如果有了贪欲，就会有争斗，就会有愤怒，就会失去理智。贪婪正是现代人的最大缺陷和痛苦的最主要原因。所以，在生活实践中，执着追求而不贪婪是一种生存智慧，给予而不索取则是一种人生态度。执着追求，及时给予，合理而不过分，正常而不极端，利己而不害人。有些青少年因为贪婪，想得到更多的东西，却把现在的所有都失掉了。有些青少年却常常给予，反而得到了更多……

贪婪者最贫穷。

每个人都有贪念，它是人的天性。世人如何不心安，只因放纵了贪欲。明末清初有一本书叫《解人颐》，对贪欲做了入木三分的描述："终日奔波只为饥，方才一饱便思衣，衣食两般皆俱足，又想娇容美貌妻。娶得美妻生下子，恨无田地少根基，买得田园多广阔，出入无船少马骑。槽头扣了骡和马，叹无官职被人欺。当了县丞嫌官小，又要朝中挂紫衣。若要世人心里足，除是南柯一梦西。”由以上的例子可以看出，人心不足蛇吞象，做人如果不能控制自己贪婪的本性，最终就会丧失自我，变成贪欲的奴隶。

以前，有个衰老的农夫不停地上山打柴，但还是常常受到妻子的奚落。这天，他幸遇“青春泉”，不仅解了渴，回到家后，妻子大为惊讶，因为他还变得年轻了许多。经过追问，方知是饮用了青春泉的缘故，于是，妻子迫不及待地也到那里，狂饮起来。可是，因为她贪得无厌，不知节制，终于从老年蜕变成青年，再蜕化成少年，最后竟变成了呱呱坠地的婴儿。当丈夫赶到泉边的时候，只好叹息着把她抱回，当作子孙来养育了。由于她的贪婪，最后违反了正常的生命秩序，变成了有待于重新开始灵智启蒙的新生儿——生存智慧的赤贫者。

贪婪者最贫穷。因为在你贪婪的时候，即已把生活中其他宝贵的东西掠夺了。比如，对物欲的贪婪，往往会挤掉人们珍贵的生理空间，就如同有些人把宽敞的新房变成了高贵的家具店，表面上看富丽堂皇，但是，却使有限的空间形成窘迫的局面；对精神层面的贪婪，往往会挤掉正常的伦理情感沟通，而成为荒漠中的孤独者，比如，那些沉溺于网上虚拟天地的人，往往导致心理的闭塞，让精神生活产生极度的疲惫和失落。

生活中，贪婪之心不可有，因为一旦无休止地贪婪下去，容易让人产生苦恼、烦闷，生活也变得很不快乐幸福。有人曾讲过这样一个故事：一个小女孩在地上大哭，有好心人问她为什么要哭。她说：“我的10元钱丢了！”于是，那人给了她10元钱，哄她不要再哭了，赶紧回家吧。可是，小女孩接过钱装好后，仍起劲大哭，似乎更加伤心。人们问她拿了10元钱后为什么还要哭呢？小女孩擦把眼泪后，说：“如果原来的10元钱没有丢，现在我就有了20元钱了！”可以看出，一个小女孩尚且对物质财物的占有欲这么强烈，心态是这么的不平衡，更何况那些比她年长的人呢？但反过来说，拥有强烈的贪婪之心有什么好呢？无非是给自己的生活注入点烦恼而已。所以，是你的，你就尽最大努力去争取，不是你的，就果断舍弃，何必自寻烦恼呢?

给予让你更加富有。

不要总是期望从别人身上获得什么，应该想自己能够给予别人什么，付出什么样的服务与价值来让对方先得到好处。当你能持续这么做，并且帮助别人获得价值的时候，也就是你成功的时候了。因为那些曾经得到你给予的人会逐渐累积成一股巨大的力量，回馈给你所需要的动力与支持。

所以，在物质方面，给予就意味着自己很富有。不是一个人有很多才富有，而是给予人很多才富有。生怕失去什么东西的贮藏者，如果抛开物质财富的多少不谈，从心理学角度来说，这必是一个贫穷而崩溃的人。无论是谁，只要你能慷慨地给予，你就是个富有的人。你把自己的一切给予别人，从而体验到自己生活的意义和乐趣。

人人皆知，穷人要比富人乐于给予。但是贫穷如果超过某种限度的人是不可能给予的，同时，要求贫穷者给予是卑劣的。这不仅是因为贫困而给予会直接导致贫困者更加痛苦，而且还会使贫困者丧失了给予的乐趣。

给予本身也会给人带来一种强烈的快乐。在给予中，它不知不觉地使别人身上的某些东西得到新生，这种新生的东西又给自己带来了新的希望。在真诚的给予中，会无意识地得到别人给予的报答和恩惠。

有一名小学教师，教师节时，一大群孩子争着给他送来了鲜花、卡片、千纸鹤……一张张小脸蛋洋溢着快乐，跟他们过节似的。其中，有一个礼物很特别，是用硬纸剪成的鞋子。看得出纸是自己剪的——周边很粗糙，图是自己画的——图形很不对称，颜色是自己涂的——花花绿绿的，老师能穿这么花的鞋吗？图画的旁边歪歪扭扭地写着：“老师，这双皮鞋送给你。”看看署名像是一个女孩——这个班级他刚接手，一切都还不是很熟，从开学到教师节，也就10多天。他把这双“鞋”认真地保管了起来，“礼轻情意重”啊！一次，他在批改作文的时候，才知道这个女同学送他这双“鞋”的理由。她在作文里是这样写的：“别人都穿着皮鞋，老师穿的是布鞋，老师肯定很穷，我做了一双很漂亮的鞋子给他，不过那鞋不能穿，是画在纸上的，我希望将来老师能穿上真正的皮鞋。我没有钱，我有钱一定会买一双真正的皮鞋给老师穿。”这只是一个不到10岁的小女孩的心愿，这心愿是多么质朴啊！他的心不由为之一动。但是，她怎么知道穿布鞋是穷人的标志？他就亲口问了问她。那是一个很白净、很漂亮的女孩子，一双眼睛清澈明亮。当她站到他面前的时候，他已经找到了答案。因为此时她脚上穿着一双方口布鞋，鞋的周边都开了胶，这双布鞋显然与他脚上的这双布鞋是不一样的。于是两人之间有了下面的问话。

“你父亲在哪里上班啊？”

“父亲待在家里，他下岗了。”

“你母亲呢？”

“我不知道。父亲说她走了。”

他的目光再次落到她脚上的布鞋上，那一双开了胶的布鞋。

他慢慢地拉开抽屉里，拿出那双“鞋”来。这时他感受出这双鞋的分量。

她怯怯地问：“老师你家里也穷吗？”他说：“老师家里不穷，你家里也不穷。”

“可是同学都说我家里穷。”她说。

他亲切地说："你家里不穷，你很富有，你知道关心别人，送了那么好的礼物给老师。老师很高兴，你高兴吗？"

她高兴地笑了，笑的是那么纯真。

"你和老师穿相同的鞋子，你开心吗？"

她使劲地点了点头。

他带着她向教室走去。他问同学们知道老师为什么穿布鞋吗？有的同学说好看；有的说透气，因为他自己的奶奶也穿布鞋；有的同学说健身，因为他自己的爷爷晨练的时候就穿布鞋。很出乎意料，并没有人说他穷。于是，他说穿布鞋是一种风格，透气、舒适、对健康有益。这位老师还告诉他的学生，脚上穿着布鞋心里却装着别人，是最让他感到幸福的！

真正富有的人才能给予别人幸福，而能给予的人是不会贫穷的。由此说，给予最重要的意义并不是物质方面的，而是人性方面的。在他给予别人的时候，不仅增加了别人的生命价值，还丰富了别人的生活。因此，给予使人更加富有。